“十三五”工程教育创新系列教材

3D打印
创意设计与制作

主　编　解乃军
副主编　郭　覃　金　茜　孙　斌
编　写　陆欣云　刘丽丽　陈　勇
　　　　勾　彬　祁连祥　杨昭兰
主　审　韩九强　郁汉琪

U0246646

中国电力出版社
CHINA ELECTRIC POWER PRESS

内 容 提 要

本书为“‘十三五’普通高等教育本科系列教材工程教育创新系列教材”。全书共分六章，前五章主要介绍了3D打印与创新教育、3D打印机、三维建模与创新设计、逆向工程与创新设计和3D打印“DIY”制作的基本知识和基本概念。重点介绍了三维建模创新设计方法及相关设计软件、逆向工程创新设计方法及相关设计软件、3D打印的相关知识及“DIY”制作方法与步骤等。最后一章为应用案例，重点介绍了一组三维建模创新设计和逆向工程创新设计的工程实践实例。

本书可作为普通高等院校自动化、机械工程及其自动化、机电一体化等相关专业的教材，也作为培养高素质的3D打印技术应用人才的培训教材，还可作为从事3D技术应用工程技术人员的参考书。

图书在版编目（CIP）数据

3D打印创意设计与制作/解乃军主编．—北京：中国电力出版社，2019.8（2024.8重印）
“十三五”普通高等教育规划教材　工程教育创新系列教材
ISBN 978-7-5198-1664-3

Ⅰ．①3…　Ⅱ．①解…　Ⅲ．①立体印刷－印刷术－高等学校－教材　Ⅳ．①TS853

中国版本图书馆CIP数据核字（2019）第140031号

出版发行：中国电力出版社
地址：北京市东城区北京站西街19号（邮政编码100005）
网址：http://www.cepp.sgcc.com.cn
责任编辑：罗晓莉（010-63412547）
责任校对：黄　蓓　马　宁
装帧设计：赵姗姗
责任印制：钱兴根

印刷：北京锦鸿盛世印刷科技有限公司
版次：2019年8月第一版
印次：2024年8月北京第七次印刷
开本：787毫米×1092毫米 16开本
印张：11.25
字数：241千字
定价：35.00元

版权专有侵权必究

本书如有印装质量问题，我社营销中心负责退换

序

近年来，计算机、通信、智能控制等前沿技术的日新月异给高等教育的发展注入了新活力，也带来了新挑战。而随着中国工程教育正式加入《华盛顿协议》，高等学校工程教育和人才培养模式开始了新一轮的变革。高校教材，作为教学改革成果和教学经验的结晶，也必须与时俱进、开拓创新，在内容质量和出版质量上有新的突破。

教育部高等学校自动化类专业教学指导委员会按照教育部的要求，致力于制定专业规范和教学质量标准，组织师资培训、大学生创新活动、教学研讨和信息交流等工作，并且重视与出版社合作编著、审核和推荐高水平的自动化类专业课程教材，特别是“计算机控制技术”“自动检测技术与传感器”“单片机原理及应用”“过程控制”“检测与转换技术”等一系列自动化类专业核心课程教材和重要专业课程教材。

因此，2014 年教育部自动化类专业教学指导委员会与中国电力出版社合作，成立了自动化专业工程教育创新课程研究与教材建设委员会，并在多轮委员会讨论后，确定了“十三五”普通高等教育本科规划教材（工程教育创新系列）的组织、编写和出版工作。这套教材主要适用于以教学为主的工程型院校及应用技术型院校电气类专业的师生，按照中国工程教育认证标准和自动化类专业教学质量国家标准的要求编排内容，参照电网、化工、石油、煤矿、设备制造等一般企业对毕业生素质的实际需求选材，围绕“实、新、精、宽、全”的主旨来编写，力图引起学生学习、探索的兴趣，帮助其建立起完整的工程理论体系，引导其使用工程理念思考，培养其解决复杂工程问题的能力。

优秀的专业教材是培养高质量人才的基本保证之一。这批教材的尝试是大胆和富有创造力的，参与讨论、编写和审阅的专家和老师们均贡献出了自己的聪明才智和经验知识，也希望最终的呈现效果能令大家耳目一新，实现宜教易学。

"十三五"工程教育创新系列教材

3D打印
创意设计与制作

主　编　解乃军
副主编　郭　覃　金　茜　孙　斌
编　写　陆欣云　刘丽丽　陈　勇
　　　　勾　彬　祁连祥　杨昭兰
主　审　韩九强　郁汉琪

中国电力出版社
CHINA ELECTRIC POWER PRESS

内 容 提 要

本书为"'十三五'普通高等教育本科系列教材工程教育创新系列教材"。全书共分六章，前五章主要介绍了3D打印与创新教育、3D打印机、三维建模与创新设计、逆向工程与创新设计和3D打印"DIY"制作的基本知识和基本概念。重点介绍了三维建模创新设计方法及相关设计软件、逆向工程创新设计方法及相关设计软件、3D打印的相关知识及"DIY"制作方法与步骤等。最后一章为应用案例，重点介绍了一组三维建模创新设计和逆向工程创新设计的工程实践实例。

本书可作为普通高等院校自动化、机械工程及其自动化、机电一体化等相关专业的教材，也作为培养高素质的3D打印技术应用人才的培训教材，还可作为从事3D技术应用工程技术人员的参考书。

图书在版编目（CIP）数据

3D打印创意设计与制作/解乃军主编．—北京：中国电力出版社，2019.8（2024. 8重印）
"十三五"普通高等教育规划教材　工程教育创新系列教材
ISBN 978-7-5198-1664-3

Ⅰ．①3…　Ⅱ．①解…　Ⅲ．①立体印刷－印刷术－高等学校－教材　Ⅳ．①TS853

中国版本图书馆CIP数据核字（2019）第140031号

出版发行：中国电力出版社
地址：北京市东城区北京站西街19号（邮政编码100005）
网址：http://www.cepp.sgcc.com.cn
责任编辑：罗晓莉（010-63412547）
责任校对：黄　蓓　马　宁
装帧设计：赵姗姗
责任印制：钱兴根

印刷：北京锦鸿盛世印刷科技有限公司
版次：2019年8月第一版
印次：2024年8月北京第七次印刷
开本：787毫米×1092毫米 16开本
印张：11.25
字数：241千字
定价：35.00元

版权专有侵权必究

本书如有印装质量问题，我社营销中心负责退换

序

近年来，计算机、通信、智能控制等前沿技术的日新月异给高等教育的发展注入了新活力，也带来了新挑战。而随着中国工程教育正式加入《华盛顿协议》，高等学校工程教育和人才培养模式开始了新一轮的变革。高校教材，作为教学改革成果和教学经验的结晶，也必须与时俱进、开拓创新，在内容质量和出版质量上有新的突破。

教育部高等学校自动化类专业教学指导委员会按照教育部的要求，致力于制定专业规范和教学质量标准，组织师资培训、大学生创新活动、教学研讨和信息交流等工作，并且重视与出版社合作编著、审核和推荐高水平的自动化类专业课程教材，特别是“计算机控制技术”“自动检测技术与传感器”“单片机原理及应用”“过程控制”“检测与转换技术”等一系列自动化类专业核心课程教材和重要专业课程教材。

因此，2014 年教育部自动化类专业教学指导委员会与中国电力出版社合作，成立了自动化专业工程教育创新课程研究与教材建设委员会，并在多轮委员会讨论后，确定了“十三五”普通高等教育本科规划教材（工程教育创新系列）的组织、编写和出版工作。这套教材主要适用于以教学为主的工程型院校及应用技术型院校电气类专业的师生，按照中国工程教育认证标准和自动化类专业教学质量国家标准的要求编排内容，参照电网、化工、石油、煤矿、设备制造等一般企业对毕业生素质的实际需求选材，围绕“实、新、精、宽、全”的主旨来编写，力图引起学生学习、探索的兴趣，帮助其建立起完整的工程理论体系，引导其使用工程理念思考，培养其解决复杂工程问题的能力。

优秀的专业教材是培养高质量人才的基本保证之一。这批教材的尝试是大胆和富有创造力的，参与讨论、编写和审阅的专家和老师们均贡献出了自己的聪明才智和经验知识，也希望最终的呈现效果能令大家耳目一新，实现宜教易学。

前 言

本书是“‘十三五’普通高等教育本科规划教材工程教育创新系列教材”。

在工业 4.0 大背景下，3D 打印技术发展迅速，它可以解决个性化和定制化需求，更契合工业 4.0 理念，许多学校将“3D 打印技术”作为学生创新创业的必修课程，为此，迫切需要相应的优秀教材。《3D 打印创意设计与制作》由全国多所高校长期进行理论研究和工程实践的专家组成编写小组，并吸引相关企业工程师加入编写队伍，引用大量来自生产第一线的案例，体现工程教育特色。该教材不局限于 3D 机构设计，对逆向工程、3D 扫描等方面都提出了大量的实例及解决方案。

全书共分六章。第 1 章为 3D 打印与创新教育，共 3 节，分别是 3D 打印基础知识、创新教育基础知识、3D 打印创新教育。第 2 章为 3D 打印机，共 2 节，分别是 3D 打印机基本知识、教学型 3D 打印机。第 3 章为三维建模与创新设计，共 4 节，分别是三维建模的基础知识、三维设计软件、三维建模和创新设计。第 4 章为逆向工程与创新设计，共 4 节，分别是逆向工程基本知识、基于 Imageware 的逆向工程设计要点、逆向工程设计要点和逆向工程创新设计案例。第 5 章为 3D 打印“DIY”制作，共 4 节，分别是切片技术的基础知识、切片软件、打印参数设置、3D 打印机操作与维修。第 6 章为应用案例，共收集了九个实践案例，供大家学习和参考。

本书从 3D 打印技术的基础理论入手，在教会学生够用的理论知识后，用案例引导教学，让案例作为主线贯穿全书。“工程实践案例”章采用模块化编写，与前面四章的理论教学相呼应。在本章采用教师边讲，学生边做，讲练结合，在做的过程中，理解概念，掌握技能，在做中学，力求学以致用。本书以“问题驱动”为原则出发，抓住学生学习中常出现的疑惑，以问题的方式导入每个知识点，参观、操作和演练相结合，从而降低了学习 3D 打印技术的门槛，很容易上手，大多数案例来自工程实践项目，具有一定的工程指导性。本书语言轻松幽默，使学习者能够带着快乐的心情学习。

本书由解乃军任主编，郭覃、金茜、孙斌任副主编，其他参编人员有：陆欣云（南京工程学院）、刘丽丽（成贤学院）、黄娟（南京航空航天大学）、陈勇（南京工程学院）、李一民（南京工业大学）、焦玉成（三江学院）、雷时荣（炎黄学院）、王春明（金肯学院）、陈芳（银川大学）、马金平（正德学院）、勾彬（南京亚弘电气科技有限公司）、祁连祥（南京旭上数控技术有限公司）、杨昭兰（南京工程学院）、张照芳（成贤学院）、仲高艳（南京农业大学）、刘红梅（南通大学）等。另外，还要特别感谢杜小明、房瑜、张俊、陈纯纯、蔡志悦、郭英香等“南工 3D 打印团队”的同学们，他们为本书提供了许多来自教学一线的典型案例。

本书由韩九强教授（西安交通大学）和郁汉琪教授（南京工程学院）担任主审。

由于先进制造技术发展迅速，作者水平有限，书中若有不足和错误之处，恳请各位同仁和广大读者给予批评指正。

作　者

2018 年 3 月 18 日

目 录

3D打印被誉为一项改变世界的颠覆性技术，现在几乎每天都有关于3D打印的新闻见诸媒体。3D打印技术正在快速发展和普及应用，预计未来5~10年内，3D打印将和人们的生活密切相关。让我们一起走入3D打印的神奇世界吧!

3D 打印与创新教育

◎本章知识要点

创新精神，主要包括有好奇心、探究兴趣、求知欲，对新异事物的敏感，对真知的执着追求，对发现、发明、革新、开拓、进取的百折不挠的精神，这是一个人创新的灵魂与动力。

创新能力，主要包括创造思维能力，创造想象能力，创造性的计划、组织与实施某种活动的能力，这是创新的本质力量之所在。

创新人格，主要包括创新责任感、使命感、事业心、执著的爱、顽强的意志、毅力，能经受挫折、失败的良好心态，以及坚韧顽强的性格，这是坚持创新、作出成果的根本保障。

1.1　3D 打印基础知识

3D，即三维，对于大家来说都不陌生了，比如说 3D 电影、3D 电视、3D 游戏等。人类生活的物理空间就是 3D 空间，它有长度、宽度和高度三个方向上的维度，自然界的物体绝大部分都是 3D 物体。2D 空间或 2D 物体，则只有长度和宽度两个维度，可以用“非常非常平薄”来形容它，比如说薄的纸张可以视作 2D 物体，平整的黑板表面可以视作 2D 空间。1D 空间或 1D 物体，则只有长度方向一个维度，可以用“非常非常细长”来描述它，比如说拉直的细绳、头发等都可以看作 1D 物体。1D、2D 和 3D 的比较如图 1-1 所示。

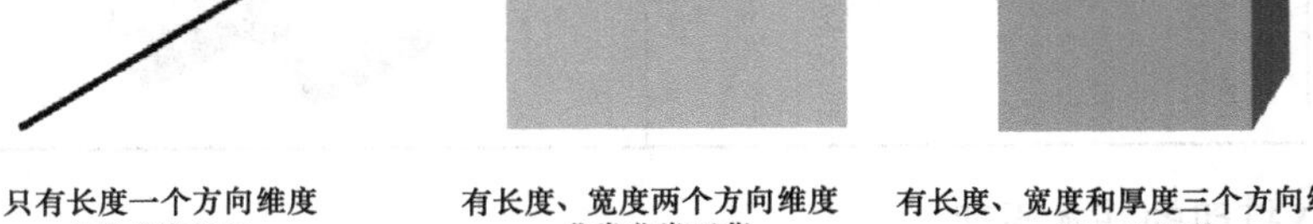

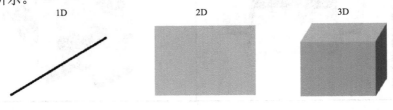

图 1-1　1D、2D 和 3D 的比较

需要进一步说明的是，1D、2D 和 3D 空间或物体可以通过运动、变换、叠加等方式实现相互转化。比如说把非常非常平薄的 2D 纸张不断叠加起来，就变成了有厚度、有宽度、有长度的书籍或记事本；把细长的 1D 绳子缠绕起来就可以变成立体的绳球；当人们做手影游戏时，实际上是将 3D 的手部动作投影成了 2D 的影子动作。总之，1D、2D 和 3D 空间或物体的转化或变换非常有意思，包含有丰富的数学知识和高科技原理。

1.1.1 从平面打印到 3D 打印

打印对大家来说也是非常熟悉的，比如说把出去游玩时拍的照片打印出来，把从网上下载的学习资料打印出来，只不过这些经常提及的打印都是平面打印或 2D 打印。平面打印所用的数据源包括文本文件、图像文件等，所用的耗材一般是墨粉或墨水，所用的载体往往是白纸、相纸或塑料膜等平薄物体，所用的设备一般是激光打印机或喷墨打印机。对比来讲，3D 打印所用的数据源是三维的数字模型，所用的耗材一般是具有一定黏性的塑料或金属粉末、丝材和片材等，通过逐层累积叠加的方式在工作台上打印出三维物体，所用的设备被称作 3D 打印机。平面打印和 3D 打印的对比请参见表 1-1。

表 1-1　平面打印和 3D 打印的对比

对比项目	平面打印	3D 打印
驱动数据	Word、WPS、Excel 等文本文档 JPG、PNG 等图像文档	可以转换为 STL 格式的三维数字模型
输入耗材	墨粉、墨水等	可黏合的塑料或金属粉末、丝材和片材等
打印载体	白纸、相纸或塑料膜等平薄物体	工作台或热床
输出对象	平面文档	三维立体物件
打印设备	2D 打印机	3D 打印机
参考		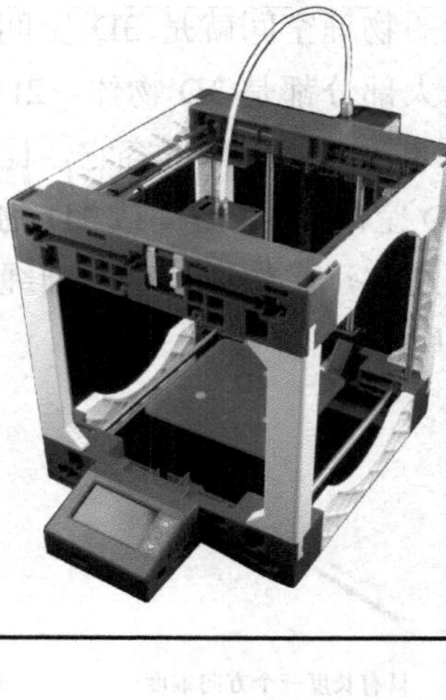

1.1.2 3D 打印的基本原理

为了实现 3D 打印的梦想，全世界的科学家们已经提出并实践了大量的技术方案，目前最为普及的一种技术方案叫作熔丝沉积 3D 打印（Fused Deposition Modeling，FDM）。如图 1-2 所示，熔丝沉积 3D 打印主要采用丝状热熔性材料作为原材料，通过挤丝进给装置逐渐将丝材送进嘴，并通过加热块快速对丝材加热块融化，这样熔融状态的液态材料在后续丝材的挤压下从底部的微细喷嘴中流出来，当液态材料黏结到工作台上时会冷却凝固，打印喷头在驱动装置的驱动下沿 *X* 轴和 *Y* 轴运动，如此不停，就会打印出一层薄薄的截面。当一层截面打印结束后，工作台便沿 *Z* 轴下降一个微小的层高，打印喷头开始打印第二个截面，如此重复，直至整个模型打印结束，一个 3D 物体便打印出来了。

上述过程从材料状态来说，丝材发生了从固态到加热融化，再到冷却凝固的改变；从喷嘴来说，喷嘴在驱动装置的驱动下交替在 *X-Y* 平面内和 *Z* 轴向上完成了三维运动；即材料状态的改变和喷头三维运动的合成，让“1D”的丝材累积成了“3D”物体。

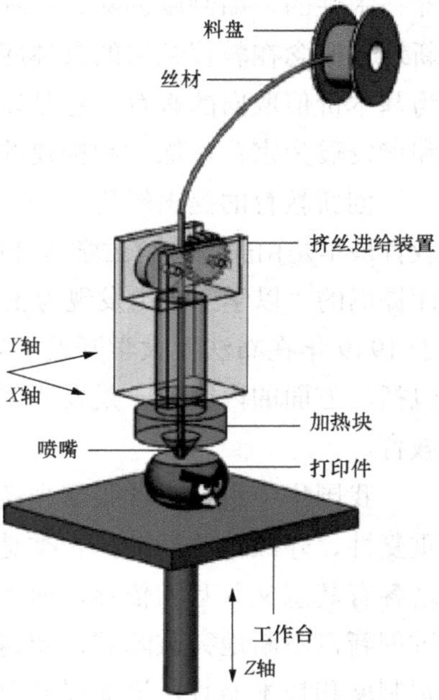

图 1-2　熔丝沉积 3D 打印的原理图

1.2　创新教育基础知识

创新教育是 21 世纪教育发展的主流。这种新型的教育方式是以培养现代人的创造思维和创新能力，不断运用新知识、新技术、新思想、新材料，迅速转化生产力为目标的教育。

国际上关于创新的研究，最早是在 20 世纪初由美籍奥地利经济学家 J·A·熊彼特提出的，他在 1912 年德文版《经济发展理论》一书中首次使用了创新（innovation）一词并给出了创新的定义，指出：“创新就是建立一种新的生产函数，在经济活动中引入新的思想、方法以及实现生产要素和生产条件的一种从来没有过的新组合。”这种新组合包括：①引入一种新产品；②采用一种新方法；③利用一种新材料；④实行一种新的组织形式。

创新与发明不同，发明是一种解决某一领域存在问题的具有创造性的技术方案，是指研究活动本身或直接结果，因此发明可以申请专利，但不一定能为社会带来效益。而创新是执行一个新方案或制造一种新产品，创新不一定是全新的东西，赋予旧的东西以新的形式或新的方式组合也是创新。创新具有新颖性、风险性、系统性和效益性。经济活动中的创新就是高风险和高收益并存的活动。

后来，创新的概念被广泛使用和拓展，一般认为：凡是能提高资源配置效率的新活动都是创新。创新一般分为两类，一类是技术性的，如技术创新、产品创新等；一类是非技术性的，如制度创新、管理创新、教育创新、知识创新等。所谓创新教育，是把创新这一概念在教育领域的具体应用。它是指以培养人的创新精神、创造能力和创新人格为基本价值取向的教育。它是以发掘人的创造潜能、弘扬人的主体精神、促进人的个性和谐发展为宗旨，探索和构建的一种新的教育理论与模式。

创新教育的提出经历了一个漫长的发展过程，是由创造教育逐步演化而来的。创新教育最早是由美国教育哲学家杜威在J·A·熊彼特之后提出的，针对传统教育缺乏创造性而提倡的“以学生自由发现为主的科学研究式的教学”。后来，奥斯本（A·E·OSbon）于1949年在布法罗大学开设了以“创造性思考”为主要内容的课程。奥斯本的创新教育包括三方面的内容：一是发明创造的知识、技巧和经验；二是创造力训练；三是创造性教育。

我国华中科技大学张曙光教授把人的活动大致分为两类，一类是安全的容易成功的重复性、守成性的活动；一类是有风险和失败可能的创造性、革新性的活动。这两类活动各有其意义并互相依存，前者要靠后者引领示范，后者要靠前者传承与普及。前者通过创新，不断地突破陈规，超越现状，造就出新的更具合理性和优越性的思想观念、规则制度和技术器具，进而提升自身，贡献社会。根据人们活动的类型取向，可以判断出一个人是否是创新型人才或具有创新人才的倾向。根据深圳大学、广州大学等高校的一项调查，在1000名大学生中，具有创新人才倾向的不足5%。而这5%是否能成为创新型人才还是未知数，因为人才成长有诸多影响因素，如教育影响因素、社会环境影响因素、家庭影响因素，以及个人的非智力品质等。因此，如何开展创新教育，培养创新型人才，已经成为新世纪高等教育的热点问题。

创新的动力系统，是创新活动的发动机，是驱动创新活动的力量源泉，它包括创新的动机、需要以及通常所说的创新意识和创新精神等；创新的认知系统涉及注意、感知、记忆和思维等，其中创造性思维是其核心；创新的个性系统，即创造性人格，它是在创新活动中表现出来的稳定的个性和行为特征，通常所说的好奇心、独立性、想象力等是创新人格的要素；创新的行为系统，是由创新活动的各种外显行为和技能等组成，其中创新技能是一个关键因素。上述四者构成了创新素质这一有机整体。简言之，创新素质是由创新意识和创新精神、创新思维和创新人格、创新能力和实践能力三个维度组成。

从心理学角度看，“创新”和“创造”相差无几，都是指创立或创造新的东西，只是创新的意义更宽泛一些。创新素质和创造力也是很相近的概念，有时甚至可以替代使用。但是，现在提出的创新教育与创造教育却有所不同。创造教育更主要是在操作层面，重在对学生进行思维训练，而创新教育中虽然重视创造能力培养，甚至可以说，培养创造力是创新教育的核心目标，但它不仅涉及教育方法的改革和教育内容的调整，而且要系统地对教育进行改革，包括从思想观念到操作方法，从理论体系到实践原则，从教学模式到课堂管理，从课程教材到评价手段等，即进行一系列的教育创新以进一步提升学生的创新素质。

1.3　3D 打印创新教育

近年来，有很多的教育界学者在摸索一种新型的教学模式，即如何有效地把 3D 打印融入创新教育的体系当中。

众所周知，对于知识的学习离不开活动情景的创造，教学活动无法脱离情境创造而单独存在。由于工科学习自身的特殊性，学生只能借助电脑完成图稿设计，并且通过科学技术进行模拟演示而无法应用于现实的实验和探究当中。然而，3D 打印机的推广和使用恰到好处地解决了这个问题，它能够将模型通过 3D 打印技术打印出来，帮助学生构建真实的问题情境，以完成模型的制造、实验和探究。经研究调查显示，将 3D 打印技术应用于教育创新当中，不仅可以激发学生的学习积极性，还能够有效降低科学研究的时间与成本。

创新教育就是使整个教育过程被赋予人类创新活动的特征，并以此为教育基础，达到培养创新人才和实现人的全面发展为目的的教育。所谓创新人才，应该包括创新精神和创新能力两个相关层面。其中，创新精神主要由创新意识、创新品质构成。创新能力则包括人的创新感知能力、创新思维能力、创新想象能力。从两者的关系看，创新精神是影响创新能力生成和发展的重要内在因素和主观条件，而创新能力提高则是丰富创新精神的最有力的理性支持。

1.3.1　创新教育的实施要点

实施创新教育就是要从培养创新精神入手，以提高创新能力为核心，带动学生整体素质的自主构建和协调发展。而创新精神和能力不是天生的，它虽然受遗传因素的影响，但主要在于后天的培养和教育。创新教育的过程，不是受教育者消极被动的被塑造的过程，而是充分发挥其主体性、主动性，使教学过程成为受教育者不断认识、追求探索和完善自身的过程，亦即培养受教育者独立学习、大胆探索、勇于创新能力的过程。因此，在教学过程中要致力于培养学生的创新意识、创新能力及实践能力。实施要点总结如下。

1. 转变教育观点，培养创新意识

教师观念的转变是实施创新教育的关键和前提，教师观念不改变就不可能培养出具有创新意识的学生。首先，要认识课堂教学中教师与学生的地位和作用，教与学的关系，发挥教师的主导作用和学生的主体作用，充分调动学生的学习主动性和积极性，使学生以饱满的热情参与课堂教学活动。建构主义理论认为：知识不是通过传授得到，而是学习者在一定的情境即社会文化背景下，借助他人（包括教师和学习伙伴）的帮助，利用必要的学习资料，通过意义构建而获得。因此，教师在学生的学习过程中应是组织者、指导者、帮助者、评价者，而不是知识的灌输者，不要把教师的意识强加于学生；而学生是教学活动的参与者、探索者、合作者，学生的学习动机、情感、意志对学习效果起着决定性作用。其次，在教学方法上也要改变传统的注入式为启发式、讨论式、探究式，学生通过独立思考，处理所获起的信息，使新旧知识融会贯通，建构新的知识体系，只有这样才能使学生养成良好的学习习惯，从中获得成功的喜悦，满足心里上的需求，体现自我价值，从而进一步激发他们内在的学习动机，增加创新意识。

2. 营造教学氛围，提供创新舞台

课堂教学氛围是师生即时心理活动的外在表现，是由师生的情绪、情感、教与学的态度、教师的威信、学生的注意力等因素共同作用下所产生的一种心理状态。良好的教学氛围是由师生共同调节控制形成的，实质就是处理好师生关系、教与学的关系，真正使学生感受到他们是学习的主人，是教学成败的关键，是教学效果的最终体现者。因此，教师要善于调控课堂教学活动，为学生营造民主、平等、和谐、融合、合作、相互尊重的学习氛围，让学生在轻松、愉快的心情下学习，鼓励他们大胆质疑，探讨解决问题的不同方法。亲其师，信其道，师生关系融洽，课堂气氛才能活跃，只有营造良好的教学气氛，才能为学生提供一个锻炼创新能力的舞台。

3. 训练创新思维，培养创新能力

创新思维源于常规的思维过程，又高于常规的思维，它是指对某种事物、问题、观点产生新的发现、新的解决方法、新的见解。它的特征是超越或突破人们固有的认识，使人们的认识“更上一层楼”。因此，创造思维是创造能力的催化剂。提问是启迪创造思维的有效手段。因此，教师在课堂教学中要善于提出问题，引导学生独立思考，使学生在课堂上始终保持活跃的思维状态。通过特定的问题使学生掌握重点，突破难点。爱因斯坦曾说：“想象比知识更重要，因为知识是有限的，而想象力概括着世界的一切，推动进步并且是知识进化的源泉”。想象是指在知觉材料的基础上，经过新的配合而创造出新形象的心理过程。通过想象可以使人们看问题能由表及里，由现象到本质，由已知推及未知，使思维活动起质的飞跃，丰富的想象力能“撞击”出新的“火花”。因此，在教学过程中要诱发学生的想象思维。

4. 掌握研究方法，提高实践能力

科学的研究方法是实现创新能力的最有效手段，任何新的发现，新的科学成果都必须用科学的方法去研究，并在实践中检验和论证。因此，教师要使学生掌握科学的探究方法，其基本程序是：提出问题—作出假设—制定计划—实施计划—得出结论。课堂教学中主要通过实验来训练学生的实践能力，尽量改变传统的演示性实验。验证性实验为探索性实验。另外还可以向学生提供一定的背景材料、实验用品，让学生根据特定的背景材料提出问题，自己设计实验方案，通过实验进行观察、分析、思考、讨论，最后得出结论，这样才有利于培养学生的协作精神和创作能力。有时实验不一定获得预期的效果，此时教师要引导学生分析失败的原因，找出影响实验效果的因素，从中吸取教训，重新进行实验，直到取得满意的效果为止。这样不仅可以提高学生的实践能力，而且还培养了学生的耐挫能力。

5. 教师应具备的能力和知识结构

现代社会，知识重量的增长及更新换代加速、新学科的涌现，促进了教学内容的更新和课程改革，呼唤着教育终身化。不断学习成为现代人的必然要求。教师成为知识的传授者，更要适应现代教育的发展需求，不断学习新知识、不断更新自己的知识结构。继承是学习；创新也是学习。教师要提高自学能力必须要做到：①能有目的学习；②能有选择的学习；③能够独立的学习；④能在学习上进行自我调控。最终走上自主创新性学习之路，以学导学，以学导教。同时，教师知识结构必须合理，现代社会的教师不能仅用昨天的知识，教今天的学生去适应明天的社会，作为教师除了掌握有广博的科学文化知识，要有心理学，教育学知识，要掌握现代信息技术，才能适应现代发展的需要，才能更好地去当好先生而去教好学生。

6. 利用新的信息，触发创新灵感

现代社会，教师要培养学生收集和处理最新信息的能力。科学技术的迅猛发展，新技术、新成果的不断涌现，瞬息万变的信息纷至沓来，令人目不暇接。只有不断地获取并储备新信息，掌握科学发展的最新动态，才能对事物具有敏锐的洞察力，产生创新的灵感。否则，创新将成为无水之源、无土之木。因此，要引导学生通过各种渠道获取新信息，如：通过图书馆、电视、报纸、互联网、社会调查等获取信息，为创新奠定坚实的知识基础，这样才能在科学的高屋建瓴，运筹帷幄，驾驭科学发展的潮流，才能使创新能力结出丰硕的成果。

1.3.2　创新教育的目标定位

基础教育是为个体升入上一级学校、自身素质持续发展以及今后走向社会做准备的教育，基础教育阶段的创新教育也要为学生未来的持续性创新打基础。那么，具有深厚基础性和广泛迁移性的创新品质究竟包括哪些？这也是创新教育定位应予以优先回答的问题。概括地说，为持续的创新打基础主要包括两大方面：一是打创新精神基础，二是打创新能力的基础。

创新精神是创新人格特征，是主体创新的内部态度与心向，它包括创新意识、创新情感和创新意志三大方面。

——创新意识。创新意识是个体追求新知的内部心理倾向，这种倾向一旦稳定化，就成为个体的精神与文化。经验性的研究表明，具有创新意识的人常常是不满足于现实，有强烈的批判态度；不满足于自己，有持续的超越精神；不满足于以往，有积极的反思能力；不满足于成绩，有旺盛的开拓进取精神；不怕困难，有冒险献身的精神；不怕变化，有探索求真的精神；不怕挑战，有竞争合作的精神；有强烈的好奇心，旺盛的求知欲，丰富的想象力和广泛的兴趣等。这些品质都是基础教育应重点予以关注的。

——创新情感。创新情感是个体追求新知的内部心理体验，这种体验的不断强化，就会转化为个体的动机与理想。经验性研究也表明，有创新情感的人常常是情感细腻丰富，外界微小的变化都能引起强烈的内心体验；人生态度乐观、豁达、宽容，能比较长时间地保持平和、松弛的心态；学习和工作态度认真、严肃，一丝不苟，有强烈的成就感，工作的条理性强；对世间的所有生命都有同情心和责任感，愿意为改善他们的生存状态而尽心尽力等，这些也是基础教育应予以优先关注的。

——创新意志。创新意志是个体追求新知的自觉能动状态，这种状态的持久保持，就会成为个体的习惯与性格。经验性的研究表明，有创新意志的人常常是能排除外界的各种干扰，长时间地专注于自己的活动；工作勤奋，行为果断，对自我要求较高，对工作要求较严；善于沟通与协调，组织能力强，有较强的灵活性，为达到目的愿意变换工作的途径和方法；有较强的独立性和自制力，在没有充分的证据和理由之前，不轻易放弃自己的主张，能容忍别人的观点甚至错误等，这些品质在基础教育阶段也应形成。

创新能力是创新的智慧特征，是主体创新的活动水平与技巧，它包括创新思维和创新活动两大方面。

——创新思维。创新思维是个体在观念层面新颖、独特、灵活的问题解决方式，创新思维是创新实践的前提与基础，如果想不到是不可能做得到的。经验性的研究表明，具有创新思维的人常常感受敏锐，思维灵活，能发现常人视而不见的问题并能多角度地考虑解决办法；理解深刻，认识新颖，能洞察事物本质并能进行开创性地思考；思维辩证，实事求是，能合理运用发散与辐合、逻辑与直觉、正向与逆向等思维方式，不走极端，能把握事物的中间状态等。这些品质是基础教育阶段思维训练的重点。

——创新活动。创新活动是个体在实践层面新颖、独特、灵活的问题解决方式，创新活动是创新思维的发展与归宿，如果经不起实践检验的思维是无价值的。经验性的研究也表明，具有创新活动能力的人常常实践活动经历丰富或人生经历坎坷，经受过大量实践问题的考验；乐于动手设计与制作，有把想法或理论变成现实的强烈愿望；不受现成的框框束缚，不断尝试错误、不断反思、不断纠正；愿意参加形式多样的活动，乐于求新、求奇，乐于创造新鲜事物等。这些也是基础教育应给予考虑的创新素质目标。

1.3.3　创新教育的核心内容

构建国家创新体系，面向知识经济实施创新战略包括一系列重要环节，除了知识创新和技术创新外，还必须重视它们与观念创新、组织创新、管理创新、制度创新之间的联系，教育创新也不例外。江泽民同志指出："必须转变那种妨碍学生创新精神和创新能力发展的教育观念、教育模式，特别是由教师单向灌输知识，以考试分数作为衡量教育成果的唯一标准，以及过于划一呆板的教育教学制度。"这就是说，教育创新应该包括教育观念创新、教育模式创新、教学内容创新、教学方法创新、教育评价创新和教育教学制度创新，它是一项宏大的社会系统工程，需要教育领域和全社会的共同努力。

应该说，实施"创新教育"是"教育创新"的重要环节，但前者必须更明确指向如何培养学生的创新精神和实践能力。如果把"创新教育"的研究内容扩大到"教育创新"的方方面面，反而会影响实验的效果。毫无疑义，"创新教育不仅仅是教育方法的改革或教育内容的增减，而且是教育功能上的重新定位，是带有全面性、结构性的教育革新和教育发展的价值追求。"但它毕竟与"教育创新"和"教育现代化"等宏观研究的着力点有一定区别，因此，建议把创新教育的重心放在教学思想、模式、内容和方法层面上，作为中、小学深化教育教学改革，全面推进素质教育的突破口，成为全体教师和学生都能参与的教改实验活动。实验的主体是学生和教师，改革的对象是课程学习、课堂教学等教育教学行为模式。

以培养学生创新精神为首要目标的创新教育，完全可以围绕“创新”三层次核心内容展开，通过学校各种教育形式，培养学生“再次发现”知识的探索精神，培养“重新组合”知识的综合能力和准备“首创前所未有”事物的创造意识和创造能力。

1. 探索精神培养

坚持对知识“再次发现”探索式学习观念，本身就是一种科学精神。它要求学生不盲目接受和被动记忆课本或教师传授的知识，而主动地进行自我探索，把学习过程变成一种“再次发现”人类以往积累的知识的参与式活动。科学（包括自然科学和社会科学）是知识系统，学习科学并不是为了记忆和背诵真理，而是为了认识和不断更新真理，教学中强调的应该是“发现”知识的过程，而不是简单地获取结果；要结合课程教学进行知识探源，把握其发展变化趋势；要让学生深刻感受到，任何科学知识都是人类艰苦努力不断探索的结晶，以此弘扬科学人文精神；要鼓励学习中的探究和怀疑，凡事多问几个“为什么”。正如著名科学方法论学者波普尔所说：“正是怀疑和问题鼓励我们去学习，去观察，去实践，去发展知识。”更重要的学习探索是对知识整体及其联系的把握。知识经济理论学者艾米顿特别推崇印象派画家克劳·莫奈的作品。她指出：“在他之前的艺术家所作的绘画，要求你走近画布才能够看清细节，而莫奈和其他印象派画家则不同，他们要求你退后从远处观赏才能看清细节。关键是要看到整体，以及色彩、结构和情绪之间的相互关系，这样才能欣赏一件艺术作品。”传统教学很少教会学生从总体上观察学科知识系统，把握它们相互之间的关系和本质特征，这些正是创新教育鼓励学生以更宽广的视角，从分割的学科课程里“重新发现”的关键所在。

2. 综合能力培养

从某种意义上讲，综合能力就是将现有知识“重新组合”为新知识的能力，新组合的独特和新颖标志着创新。我们的教育对象将要面对的是一个从学科知识高度分化走向高度综合的社会，国家创新能力的获得是快速的知识共享与持续的新的组合应用的结果。对此，熊彼德甚至认为，绝大多数创新都是现存知识按照新的方式的组合，他把“创新”与“新组合”视为同义语。所谓知识的“重新组合”，就是把原来几种知识联系起来合成为一种综合知识，或者把一种知识拆分成几个部分，然后以新的形式将这些部分重新联系起来，成为具有新特征、新功能、新内容的知识。西蒙顿在《科学天才》一书中写道：“天才们进行新颖组合比仅仅称得上有才能的人要多得多。天才们就像面对一桶积木的顽童，会在意识和潜意识中不断把想法、形象和见解重新组合成不同的形式。”课程学习中的知识重组通常包括三种不同的层次：第一层次是将某学科课程内部的知识进行重组，第二层次是将不同学科课程的知识进行重组，第三层次是将学科课程所包容的知识与课程未能包容的知识进行重组，三种层次的重组，后一个比前一个要求更高。课程教学可从第一层次入手，希望学生最终能够做到跨学科和跨出课程规定的内容去自学，把进入现代社会所必须了解和掌握的所有知识重新组合，融会贯通，运用这种“重组”的知识解决复杂的问题，从而内化为创新精神和创新能力。例如，1999 年高考改革要求“在考察学科知识的同时，注意考查学生跨学科的综合能力和学科知识渗透的能力”，高考试卷特别是语文试题施行了力度较大的内容改革，被媒体称为“高考指挥棒指向素质教育”。为体现“能力型立意”，比历届考题更突出了“知识重组”能力要求，语文试题不仅有第一层次的知识重组（如最简单的“重组句子”），而且大量增加了第二、第三层次“知识重组”的考核内容（如提供学生想象空间、将知识领域扩展到未来学范畴的作文命题等等），广泛涉及经济、外交、现代科学和高新技术等课外知识，要求考生把课程学到知识与这些知识重组，不仅引导学生更加关心社会生活，努力扩大阅读面，而且必将启发教师进一步思考教学改革。

3. 创造意识和创造能力培养

创造意识是驱使个体进行创造行为的心理动机，没有创造意识的人不可能进行创造和发明。许多调查结论都指出，学生普遍具有创造潜能，它不是少数人特有的秉性，在适当的教育下，可能在每一学生个体身上发展和显现。当然，限于生理年龄特点，无法要求所有学生在中小学阶段都具有很强的创造能力，但创造意识的培养则必须从青少年时期开始。创造意识是创新素质培养的前提，因为创新素质不仅表现为新思想、新技术和新产品的发明创造，而且表现为善于发现问题、求新求变、积极探究的心理取向。创造能力也“绝不仅仅是一种智力特征，更是一种人格特征，是一种精神状态，是一种综合素质。”创造意识包括强烈的创造激情、探索欲、求知欲、好奇心、进取心、自信心等心理品质，也包括具有远大的理想、不畏艰险的勇气、锲而不舍的意志等非智力因素。逐步培养学生创造“前所未有”事物的能力，则可以从创新层面的“重新发现”，尤其是“重新组合”着手。无论用“无中生有”说明“创造”，还是用“有中生新”描述“创新”，都没有阐明“有”是如何从“无”，“新”是如何从“有”里产生。事实上，世界上绝大多数的创造发明，都是原有事物的“再次发现”和“重新组合”，产生质变后才表现为“前所未有”，是“有中生有”，任何人都无法脱离自己的经历凭空设想，即使是科幻作品所“创造”的外星人，也不过是作家思想表象里原有“部件”的“再次发现”和“重新组合”而已。例如，硅元素通常以人们司空见惯的石英砂粒出现，经过科学家的“再次发现”就创造出半导体晶体管和集成电路，使“砂粒变成了黄金”。再例如，中国四大发明之一黑色火药，无非是按“一硝二磺三木炭”的“重新组合”，才具有了新功能和新特征。因此，注重培养中小学生“再次发现”和“重新组合”的品质，就是为他们的创造能力营造基础。

1.3.4 创新教育的有效实施方案——3D 打印“DIY”

“DIY”即 Do It by Yourself。“DIY”创新教学是将“DIY”的概念融入大学创新教学的过程中。而所谓“大学创新教学”是指以培养学生创新能力为基本特征，采用“以知识探求为本”的教学模式，运用现有知识来解决实际问题并在其中建构自己的知识，最终生成一种具有个性特征知识的教学过程。因此，“DIY”创新教学就是以创新教学的概念为指导，将“DIY”的过程贯穿于教学进程中，以学生为课堂主体，教师为课堂指导者，运用现有知识解决实际问题，并在其中建构自己知识的一种新型教学方式。

实际上，自从有人类以来，人们就开始“DIY”了，用于生产、生活的很多东西都是自己动手来实现的。然而真正的“DIY”却发生在工业文明甚至后工业时代，由于物质的极大丰富，社会给人们提供了更多的物质产品和选择的机会，只有人们可以不必以“自己动手做”的方式来满足自身的物质需要的时候去主动地追求“DIY”，这才是真正意义上的“DIY”。

随着物质和精神文化的不断发展，现代社会的人们越来越注重个性化的发展，独特的审美情趣将“DIY”变成一种时尚。现在，它已经涉及生活中的许多方面，自己设计家居、个性化陈设品、个性化生活用品、个性化电子产品，自制个性饰品，服装再设计，甚至自制美食等。“DIY”不再是简单的自己动手去做，具备了设计类专业的特征。

传统的设计类课程，以教师定题目，学生进行指定性设计为主要思路，教师的题目指定后，学生们的选题就已经确定。学生们在指定题目下，进行设计、制作等工作。这种教学方式具有题目确定、评分标准统一的特点，但是却不适合于大学创新教学。大学创新教学要求教学内容具有鲜明的创新性，即具备学生独特的个性特征。这样，才能使得学生依据个人兴趣进行选题，充分做到“因材施教”。

加入“DIY”内容后，是否会使得课程内容脱离教学大纲的要求，而失去教学主旨吗？其实，根据我们的教学实践，“DIY”创新教学是在满足教学大纲的基础上，在教学范围以内，在学生掌握了课程基本内容之后，在此基础上按照个人兴趣进行选题，教师负责选题的把握，并在整个教学过程中对学生进行课程内容的指导和帮助，让学生在指定时间内完成作品。因此，“DIY”创新教学不仅不会影响教学大纲和教学内容的完整性，而且由于整个教学过程中，以学生为主体，学生在学习完教学内容后，立刻通过自己的“DIY”制造，对知识进行了复习，因此，课程内容接受得更完整，遇到问题，也可以立刻得到教师的解答，对课程掌握程度更高。

在加入“DIY”内容后，学生的选题更加丰富，避免了选题扎堆的现象，也避免了抄袭的现象，每个学生都可以按照自己的创意进行相关的设计，因此，具有了鲜明的个人特色。对于课程内容的掌握，也在“DIY”方式下，有其侧重性，但是教学大纲所规定的内容都会被应用于其最终作品，因此，课程的作用也很容易被学生接受，课程的内容也会被学生融会贯通，课程结束，作品完成，课程教学成果也十分鲜明。总之，“DIY”创新教学能够更多地激发学生的学习潜力。

1. “DIY”创新教学三个基本要素

“DIY”创新教学有其内在规律，这一规律表现在教学结构上由三个基本要素构成，即有效问题情境创设、教师的激情投入和学生的热情参与。这三者是“DIY”创新教学与传统教学的区别之处。

（1）有效问题情境的创设。

思考起于疑难，没有疑难情境就难以激发求知兴趣。这正是传统教学弊端的根本所在。传统教学是一种灌输式的教学，它传播的是现成的、体系化的知识。它是经由科学家群体整理之后又经过了授课教师的进一步整理，从而形成了一种标准化的认识套路，在课堂中直接地呈现出来。它或直接或隐晦地要求学生必须接受，并且以考试的手段来督促。其缺陷在于过度理性化，缺乏一个有效的问题情境，与学生的经验没有建立起有效的联系，从而学生也难以了解和掌握这些知识的实际价值。这样的课堂就容易变成教师在孤独地宣讲。对于缺乏适宜的问题情境的大学生而言，简单地接受知识是非常困难的，因为他们都已经历了高考阶段死记硬背的折磨，不再满足于传统的简单接受知识的模式了。如果让他们简单地接受的话，学习就不仅是枯燥的，而且注定是浅层的，也只能变成一种记问之学。这样的话，大学教学中"老师讲、学生记，考前背笔记、考后全忘记"的现象就不足为奇了。

要改变传统的教学模式，就必须尊重学生的学习规律，即要从调动学生的学习兴趣入手。如果学生缺乏学习兴趣，那么教学活动就是机械的、无效的。所以，大学课堂教学要变成创新教学，第一位的要素是创设有效的问题情境。如果没有一个适当的问题情境的出现，靠大学生自己的意志努力或教师单边的宣讲，或是借助各种外在刺激，其效果都是不佳的。只有激发学生学习的内在兴趣才是根本。学习作为一种独特的认识活动，其认识方式与科学家的知识探索活动并没有本质的差异。只不过在教育环境中，知识探求目标是相对固定的、可达到的，而不像科学家的探索活动那样充满了不确定性。

因此，大学的"DIY"创新教学首先提倡创设一个有效的问题情境，这是激发学生积极参与并形成探究兴趣的前提。如果出现了一个比较适宜的问题情境，那么问题解答本身就对学生具有强劲的吸引力，学生的探索热情也就能够被激发，他们也就会不自觉地进入知识探求的状态中。所以，"DIY"创新教学的核心要素就在于进行教学情境的设计。当教学过程中出现了有效的问题情境时，教学过程变成了一个知识探求过程，学生在问题解答中获得知识。显然，这时知识探索的主体是学生，而不是教师，教师只是这一探索活动的引路人。

正因为如此，创新教学的关键就在于有效问题情境的创设，而这正是对教师素质的考验。"DIY"创新教学，就是在设置有效的问题情境，然后，将对这一问题情境的设计与解决方法，作为学生学习新知识、建构自身知识体系的基石，在解决这一问题情境的过程中，将所学得的知识融入自身知识体系中，从而，使得学生对所学的知识有自己的认识。

（2）教师的激情投入。

要创设一个有效的问题情境，必须有教师的激情投入。如果没有教师的激情投入，要创设这样一个情境是不可想象的，因为这样的情境只有在对学生的生活实际、社会现实需要和学科专业发展需要这三方面做一个系统研究之后才能确定。为此，就必须与学生进行深入交流，对社会实践进行深入调查，与同行专家进行深入研讨。可以说，这是一个开放的研究所得，不可能通过闭门造车的方式获得。要完成这一工作，对教师提出了非常高的要求。首先，教师必须具有高度的责任意识；其次，教师必须有充足的时间投入；再次，教师必须能够进行创造性设计教学；最后，教师必须能够在实践过程中不断地总结和完善，因为教学方案设计不可能一蹴而就一劳永逸。我们知道，大学教学实践的环境在变，学生群体也在变，而且专业知识也在发展，特别是教师个体的认识水平也在变化，为此，必须在动态中设计教学，在实践过程中不断地完善教学。

对于教师而言，具备高度的责任意识是第一位的。作为教师，必须对学生成长、成才高度负责，必须对社会发展高度负责，这是其创造性地开展工作的前提。只有当教师对学生成长与发展需求关心，才能把满足他们的发展需求作为自己的使命。为此，教师的科研重心也会发生转移，即主动地去寻求科研与教学的结合，而不再是单纯地进行科研或从事与教学无关的科研。所以，关心学生成长必须成为一种基本的教学伦理，成为师德的核心构成部分。不关心学生成长和发展的教师是不合格的教师。

实现良好的教学需要大量的时间投入。教师如果把教学作为副业对待的话，肯定无法去创设一个合适的问题情境，也不可能进行有效的教学。所以，教学必须成为大学教师的中心工作，而且大学里的一切活动都应该围绕教学这个中心转。在大学里，从事科学研究虽然是必须的，但它不能与教学要求相脱离，与教学要求相脱离的科学研究应该被制止。这是因为，纯粹的科研活动可以在专门的研究机构进行，而不需要在大学中进行。科研与教学的结合才是大学的本质特征，大学教师必须服从于这一需要。这样才不会出现为了科研而牺牲教学的情况，也不会出现因为强调教学而不要科研的情况。

问题情境的创设过程也是教师的创造性智力劳动过程，因为这样的情境是无法模仿、无法复制的，必须通过自己的亲身尝试才可能完成，所采用的“DIY”选题也需要教师事先进行亲身尝试之后才可以由学生来完成。为此，教师必须具有进行创造性设计的能力，即善于将影响教学进程的各个环节有机地组织起来，特别是要具有预见到各个环节相互作用的能力，从而才具有统筹各个教学因素的能力。这对教师的实践能力是一个很大的考验，尽管它与教师的理论认识能力有关，但绝不是一回事。可以说，这个过程考验的是教师的实践智慧，特别是他的协调能力，如处理理论与实践的关系、教师与学生的关系、学生与学生的关系、学校与实践部门的关系以及自己与学校管理之间的关系的能力。只有在协调好各种关系的前提下，教学创造才可能进行并能够持续下去。由此可见，创新教学对教师的素质要求非常高，这是传统课堂教学无法比拟的。

同样，教师也必须具有反思自我的能力。这种反思能力不仅是指在实践中发现问题并寻求解决方案的能力，还指不断地进行自我激励，不断地调整预期目标和实施方案的能力。说到底，这是一种行动研究能力，是教师成长非常需要的一种能力。

因此，“DIY”创新教学的过程不仅仅是对学生的知识接受能力、创新能力的考验，更是对教师创新教学能力的考验，需要教师大量的知识储备与积累，也需要教师大量的协调和资源，才能建构起有效的“DIY”创新教学环境。这也是“DIY”创新教学与传统教学过程不同的地方。

（3）学生的热情参与。

如前所述，“DIY”创新教学是为了促进学生发展而设计的，从而使教学重心从知识传授本身转移到学生的发展上来。在实现这个转变的过程中，必须时刻把学生发展放在中心地位，而且必须能够使学生自己意识到这个中心地位。这样一来，这个中心地位才不是被标榜的，而是实实在在的。所以，问题创设环节非常关键，只有问题本身是有效的，才能激发学生参与的热情。

有效问题具有以下几个特点：该问题是学生可以感受到的；学生意识到解答该问题是重要的；学生感到经过努力是能够对之作出解答的；该问题是能够在预计时限内解答的。只有当学生认识到问题是重要的，经过努力是可以解答的，才会最大限度地调动自己的参与热情。

鉴于此，必须提高学生的自我意识能力，使他们能够充分地意识到自己的主体地位，从而产生一种积极配合教师的教学改革的强烈意愿。我们知道，无论教师怎么努力，这些都是外因，而学生自己知道努力才是内因。如果没有学生的热情参与，教学改革很可能就变成热热闹闹的“走过场”。因此，教学改革的措施最终必须落实在学生身上，必须有得力的措施吸引学生参与。要做到这一切，就必须加强对学生的教育管理，增强其自我管理能力。不要让学生变成被娇惯坏了的孩子，不要使他们期望一切教学安排都得按照他们的意愿进行。

总体而言，要进行“DIY”创新教学，就不可能缺少对有效问题情境的创设、对教师创造激情的激发和吸引学生的热情参与这三个基本要素。缺乏有效的问题情境，教学过程就容易变成无意义的资料传授过程，教学就变成了机械化的劳动，就不能激发学生的学习兴趣。而没有教师的激情投入，就不可能创造一个有效的问题情境。也只有在教师创设的有效问题情境中，学生参与的热情才能被点燃。学生的热情参与既是有效教学的前提，也是创新教学追求的结果，因为只有当学生热情参与之后，其认识水平、实践能力以及内在的素养才可能得到提高。

2. “DIY”创新教学的构建原理

从根本上说，“DIY”创新教学的出发点就是要使大学生枯燥的学习生活变成有意义的学习活动，而不是单纯为了文凭而学习。这是创新教学观念超越于传统教学观念之处。创新教学认为，只有自我建构的知识才具有意义，才能应用于实际；而传统教学观往往假定知识接受之后自然有用。换言之，创新教学认为，不存在完全普适性的知识，知识都具有情境性。

一般而言，有效问题设计必须符合以下四个方面的规定：一是该问题与现实生活中发生的困难相联系，即为解答当下生活困惑而设；二是与其过去的生活经历发生关联，从而使学生能够借助先前的知识经验进行新知识建构，而先前的知识经验就成为知识建构的脉络；三是与学生未来发展前景发生联系，即使学生体会到学习是一种高水平的学习，是站在科学前沿的学习，而不是漫无目标方位的学习。可以说，这四个方面是衡量问题情境设计的有效性的基本维度。

在“DIY”创新教学过程中，建立了一个交流合作机制，使之成为联系四方面关系的枢纽。如其改变原有的传统的等级式的师生交流方式为以学生为课程主体，以教师为帮助者、协调者的辅助角色，使得学生的个性品质得以彰显，使得学生真正的知识需求，在“DIY”的过程中充分暴露出来，而教师得以有针对性地解决问题，教授学生所需要的知识，使得学生得以建构自己的知识体系。

同时，"DIY"创新教学过程，实际上建立了一个科研与教学交流的平台。这实质上是一个多学科交流平台，在其中各个学科的教师都可以将自己的体会与教学心得进行交流与分享，从而补充各自的学术营养。这样才能体现真正的学术社区的品质。

最后，"DIY"创新教学过程，实际上模拟了社会的真实需求。使得学生明白社会真正需要的知识内容，同时，在"DIY"创新教学过程中，教师可以从学生的创意中汲取营养，了解当前社会中学生的真实需求，使得学术与社会更加紧密地结合在一起。

3D 打印机（3D Printers，简称 3DP）是一位名为恩里科·迪尼（Enrico Dini）的发明家设计的一种神奇的打印机，它不仅可以“打印”一幢完整的建筑，甚至可以在航天飞船中给宇航员打印任何所需的物品的形状。房子、器官、汽车、衣服、机器人……你能想象这些东西都可以打印出来吗？此前，部件设计完全依赖于生产工艺能否实现，而 3D 打印机的出现，将颠覆这一生产思路，任何复杂形状的设计均可以通过 3D 打印机来实现。

第2章

3D 打 印 机

◎**本章知识要点**

1. 掌握 3D 打印机技术原理。
2. 学习 3D 打印机使用和操作。

◎**兴趣实践**

安排学生自己组装一台 3D 打印机，了解 3D 打印机机构组成和打印机理。

◎**探索思考**

安排学生调研 3D 打印机产品市场。

熔丝沉积 3D 打印的基本原理是通过改变材料的状态和喷嘴的三维运动合成，将 1D 丝材堆积成 3D 物体。完成上述过程的设备被称为 3D 打印机。迄今为止，全世界的科学家和技术专家已经设计了几十种结构的 3D 打印机，它们一般都由美丽的外壳包围着，不容易看到其内部的结构。

3D 打印机本质上是一类多轴联动的数控设备，主要包括控制模块、驱动装置、传动装置、机架、打印平台、料盘、进料装置、打印喷头、冷却装置等功能模块。从机械原理上来讲，实现多轴联动的原理方案有很多，因此 3D 打印机的结构种类也非常多。下面给出一些没有“美丽外壳”的 3D 打印机，供大家了解 3D 打印机的内部结构。图 2-1 所示为悬臂结构 3D 打印机，图 2-2 所示为龙门结构 3D 打印机，图 2-3 所示为并联臂结

图 2-1　悬臂结构 3D 打印机

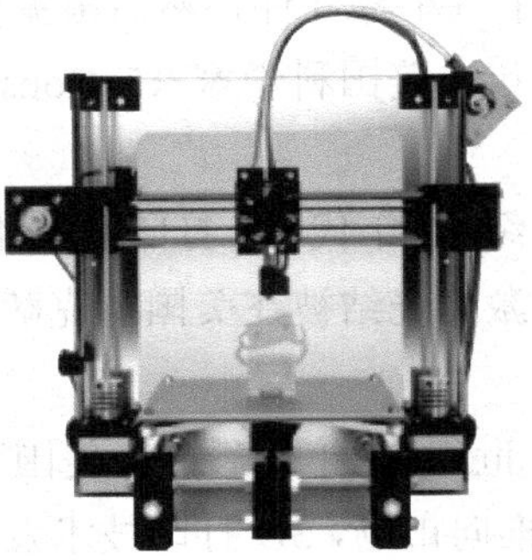

图 2-2　龙门结构 3D 打印机

构 3D 打印机，图 2-4 所示为模组化结构 3D 打印机。3D 打印机自身的创新和细分也在发展衍化，种类会越来越多。

图 2-3　并联臂结构 3D 打印机

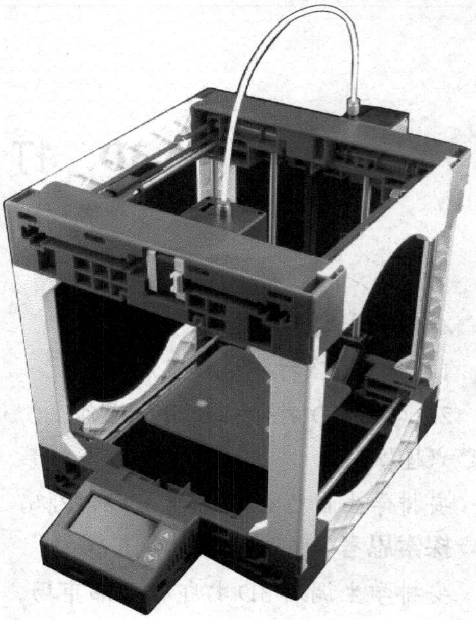

图 2-4　模组化结构 3D 打印机

2.1　3D 打印机基本知识

3D 打印思想起源于 19 世纪末的美国，并在 20 世纪 80 年代得以发展和推广。3D 打印是科技融合体模型中最新的高“维度”的体现之一。

19 世纪末，美国研究出了的照相雕塑和地貌成形技术，随后产生了打印技术的 3D 打印核心制造思想。

20 世纪 80 年代以前，三维打印机数量很少，大多集中在“科学怪人”和电子产品爱好者手中。主要用来打印像珠宝、玩具、工具、厨房用品之类的东西，甚至有汽车专家打印出了汽车零部件，然后根据塑料模型去订制真正市面上买到的零部件。

1979 年，美国科学家 RF Housholder 获得类似“快速成型”技术的专利，但没有被商业化。

20 世纪 80 年代 3D 打印已有雏形，其学名为“快速成型”。20 世纪 80 年代中期，SLS 选区激光烧结被在美国得克萨斯州大学奥斯汀分校的 Carl Ckard 开发出来并获得专利。

到 20 世纪 80 年代后期，美国科学家发明了一种可打印出三维效果的打印机，并已将其成功推向市场，3D 打印技术发展成熟并被广泛应用。普通打印机能打印一些报告等平面纸张资料。而这种最新发明的打印机，它不仅使立体物品的造价降低，且激发了人们的想象力。未来 3D 打印机的应用将会更加广泛。

1995 年，麻省理工创造了“三维打印”一词，当时的毕业生 Jim Bredt 和 Tim Anderson 修改了喷墨打印机方案，把原来的二维解决方案变为一种三维立体解决方案既用约束剂把粉末状材料一层层黏合并挤压成型。

2003 年以来 3D 打印机的销售逐渐扩大，价格也开始下降。

2.1.1 3D 打印机技术原理

3D 打印机又称三维打印机（3DP），是一种累积制造技术，即快速成形技术的一种机器，它是一种以数字模型文件为基础，运用特殊蜡材、粉末状金属或塑料等可黏合材料，通过打印一层层的黏合材料来制造三维的物体。现阶段 3D 打印主要被用来制造成品，成型方式主要采用逐层叠加的工艺手段完成。

3D 打印机的原理是把数据和原料放进 3D 打印机中，机器会按照预先设定好的程序把产品一层层造出来。

3D 打印机与传统打印机最大的区别在于它使用的“墨水”是实实在在的原材料，堆叠薄层的形式有多种多样，可用于打印的介质种类多样，从繁多的塑料到金属、陶瓷以及橡胶类物质。有些打印机还能结合不同介质，令打印出来的物体一头坚硬而另一头柔软。

有些 3D 打印机使用“喷墨”的方式，即使用打印机喷头将一层极薄的液态塑料物质喷涂在铸模托盘上，此涂层然后被置于紫外线下进行处理，之后铸模托盘下降极小的距离，以供下一层堆叠上来，此种应用主要基于“光固化”技术的原理来实现。

还有的使用一种叫作“熔积成型”的技术，整个流程是在喷头内熔化塑料，然后通过沉积塑料纤维的方式才形成薄层。

还有一些系统使用一种叫作“激光烧结”的技术，以粉末微粒作为打印介质，粉末微粒被喷洒在铸模托盘上形成一层极薄的粉末层，熔铸成指定形状，然后由喷出的液态黏合剂进行固化。

有的则是利用真空中的电子流熔化粉末微粒，当遇到包含孔洞及悬臂这样的复杂结构时，介质中就需要加入凝胶剂或其他物质以提供支撑或用来占据空间。这部分粉末不会被熔铸，最后只需用水或气流冲洗掉支撑物便可形成孔隙。

2.1.2 3D 打印技术的主要特点

3D 打印技术较传统的加工方法有以下几个特点和优势：

（1）3D 打印带来了世界性制造业革命，以前是部件设计完全依赖于生产工艺能否实现，而 3D 打印机的出现，将会颠覆这一生产思路，这使得企业在生产零部件的时候不再考虑生产工艺问题，任何复杂形状的设计均可以通过 3D 打印机来实现。

（2）3D 打印无需机械加工或模具，就能直接从计算机图形数据中生成任何形状的物体，从而极大地缩短了产品的生产周期，提高了生产率。尽管 3D 打印技术仍有待完善，但其市场潜力巨大，势必成为未来制造业的众多突破技术之一。3D 打印使得人们可以在一些电子产品商店购买到这类打印机，工厂也在进行直接销售。科学家们表示，3D

打印机目前的使用范围还很有限，不过在未来的某一天人们一定可以通过 3D 打印机打印出更实用的物品。

（3）3D 打印技术对美国太空总署的太空探索任务来说至关重要，国际空间站现有的三成以上的备用部件都可由一台 3D 打印机制造。这台设备使用聚合物和其他材料，利用挤压增量制造技术逐层制造物品。3D 打印实验是美国太空总署未来重点研究项目之一，3D 打印零部件和工具将增强太空任务的可靠性和安全性，同时由于不必从地球运输，可降低太空任务成本。

（4）增材制造，与减材制造相比，无材料损耗。

2.1.3 3D 打印机应用领域

3D 打印技术可用于军事、航空航天、教育科研、工业、建筑、消费品、医疗、汽车、艺术品和工艺品等领域。在模具制造、工业设计等领域 3D 打印被用于制造模型或者被用于一些产品的直接制造，意味着这项技术正在普及。通过 3D 打印机也可以打印出食物，这是 3D 打印机未来的发展方向。

1. 航天科技领域

GE 中国研发中心的工程师们仍在埋头研究 3D 打印技术。就在这之前，他们刚刚用 3D 打印机成功“打印”出了航空发动机的重要零部件。与传统制造相比，这一技术使该零件成本缩减 30%、制造周期缩短 40%。来不及庆祝这一喜人成果，他们就又匆匆踏上了新的征程。鲜为人知的是，他们已经“秘密”研发 3D 打印技术十年之久了。

一位叫 Jim Smith 的工程师又通过 3D 打印技术造出了世界首艘 3D 打印皮划艇，并且成功下水。这艘“皮划艇”是他花费了 42 天时间，使用一台自制大型 3D 打印机打造的。它身长 5m，由 28 块彩色 ABS 塑料组装而成，每个部件都是由 3D 打印机制作，然后再用螺栓固定在一起。制造的过程看似简单，其实颇费功夫。从开始规划到制造完成花了 Smith 近 6 年的时间，下水前的最后调整也花费了 40 天。这艘成品长 5.08m，宽 0.52m，总重量为 29.29kg，其中 ABS 部分重 26.48kg，黄铜螺纹部件重 0.86kg，螺栓重 2.068kg，总造价只有 500 美元。

3D 打印技术已经日趋成熟，未来人们可用它来造房子、造汽车，甚至更多东西也不无可能。2015 年 6 月 22 日有报道称，俄罗斯技术集团公司以 3D 打印技术制造出一架无人机样机，重 3.8kg，翼展 2.4m，飞行时速可达 90～100km，续航能力 1～1.5h。公司发言人弗拉基米尔·库塔霍夫介绍，公司用两个半月实现了从概念到原型机的飞跃，实际生产耗时仅为 31h，制造成本不到 20 万卢布（约合 3700 美元）。

2. 医疗领域

将来外科医生们或许可以在手术中现场利用打印设备打印出各种尺寸的骨骼用于临床使用。这种神奇的 3D 打印机已经被制造出来了，而用于替代真实人体骨骼的打印材料则正在紧锣密鼓地测试之中。

在实验室测试中，这种骨骼替代打印材料已经被证明可以支持人体骨骼细胞在其中生长，并且其有效性也已经在老鼠和兔子身上得到了验证。未来数年内，打印出的质量更好的骨骼替代品或将帮助外科手术医师进行骨骼损伤的修复，甚至帮助骨质疏松症患者恢复健康。

3. 建筑领域

最早的 3D 打印建筑出现在 2013 年，2013 年 1 月荷兰建筑师 Janjaap Ruijssenaars 与意大利发明家 Enrico Dini（D-Shape 3D 打印机发明人）一同合作计划打印了包含沙子和无机黏合剂的建筑框架，并于 2014 年落成。

2016 年全球首座采用 3D 打印的办公室出现在阿联酋迪拜国际金融中心（见图 2-5）。单层建筑室内面积 $250m^2$，使用了一种特殊的水泥混合物。办公楼所有的“零部件”，包括办公家具等结构部件，全部由一台 6m 高、36m 长、12m 宽的大型 3D 打印机耗时 17 天打印而成。

图 2-5　位于迪拜市中心的 3D 打印办公室

采用 3D 打印技术打印建筑，具有速度快、环保且成本低的优势，已经成为建筑设计的一个新的发展方向。

4. 制造业领域

制造业也需要很多 3D 打印产品，因为 3D 打印无论是在成本、速度和准确度上都要比传统制造好很多。而 3D 打印技术本身非常适合大规模生产，所以制造业利用 3D 技术能带来很多好处，甚至连质量控制都不再是个问题。

比如，微软的 3D 模型打印车间，在产品设计出来之后，通过 3D 打印机打印出模型，能够让设计制造部门更好的改良产品，打造出更出色的产品。汽车行业在进行安全性测试等工作时，会将一些非关键部件用 3D 打印的产品替代，在追求效率的同时降低成本。

2014 年 10 月 10 日，世界首款 3D 打印汽车终成现实，这辆由“本地汽车”公司打造的 3D 打印汽车只有两个座位，名字叫“斯特拉迪”，它的制作周期为 44h，并且最高时速可以达到 80km。“斯特拉迪”全身是碳纤维及塑料，利用“3D 打印技术”制造而成。据悉，全车只使用了 40 个零件，且依靠电动能源，充一次电花费 3.5h，可以行驶大约

100km。

5. 生活用品领域

生活用品领域是最广阔的一个市场。在未来不管是你的个性笔筒，还是有你半身浮雕的手机外壳，抑或是你和爱人拥有的世界上独一无二的戒指，都有可能是通过 3D 打印机打印出来的。

6. 食品领域

2013 年 5 月 22 日，NASA 已选中总部位于得克萨斯州的系统和材料研究公司，向其投资 12.5 亿美元，研发能为宇航员制造“营养可口”食品的 3D 打印机。

3D 食物打印机的概念设计方案中，打印机的“墨盒”——也就是装载食物的部分使用寿命长达 30 年。这款产品的实验版本已经可以成功“打印”巧克力，而比萨饼将是它未来几周内的下一个目标。据透露，食物打印机制造比萨饼的步骤如下：首先，打印一层面饼，并在打印的同时烤好；然后机器会将使用装载番茄的“墨盒”和水、油混合，打印出番茄酱。最后将酱料和奶油打印在比萨饼的表面。

一位名叫 Luiza Silva 的学生就设计了一个 3D 概念打印机 Atomium，它能够打印分子级的材料，几乎能够打印各种形状。如果这个概念得以实现，它将会改变我们与食物间的关系。

Atomium 的工作原理是：用户首先注册基本信息，比如医疗数据（对什么过敏等）和饮食偏好等。然后，用户可以简单勾画出他们喜欢的形状类型，Atomium 就会分析这些指令并创造出相应的食物。

西班牙巴塞罗那的自然机器公司向市场推出首款 3D 食物打印机 Foodini，像是将食物打印出来一样制作出甜品、汉堡、面包、巧克力或意大利面。自然机器公司对于这款特殊“打印机”的销售前景十分乐观。

7. 音乐领域

为了探索 3D 打印机更多的应用，Rickard Dahlstrand 使用 Lulzbot 3D 打印机创造出独特的艺术。在 2013 斯德哥尔摩艺术黑客节上，Lulzbot 3D 打印机不仅为参加的艺术家和黑客们打印出艺术节的 LOGO，而且作为一个表演项目，它还一边播放古典音乐一边相应地打印出可视化的音乐作品。Lulzbot 3D 打印机打印可视化音乐的原理是：控制步进电机的运行速度，声音的音调决定速度，从而音乐控制了打印过程。三台电机分别代表一个音轨，它们使用独特的模式运动。两个马达控制 Z 轴移动。

8. 文物领域

美国德雷塞尔大学的研究人员通过对化石进行 3D 扫描，利用 3D 打印技术做出了适合研究的 3D 模型，不但保留了原化石所有的外在特征，同时还做了比例缩减，更适合研究。

博物馆里常常会用很多复杂的替代品来保护原始作品不受环境或意外事件的伤害，同时复制品也能将艺术或文物的影响传递给更多的人。史密森尼博物馆就因为原始的托马斯·杰弗逊像要放在弗吉尼亚州展览，所以博物馆把一个巨大的 3D 打印替代品放在了原来雕塑的位置。

随着3D打印技术的不断推广，更多的3D打印机产品正在不断出现。

2.1.4 3D打印机产品

1. 家用3D打印机

德国发布了一款迄今为止最高速的纳米级别微型 3D 打印机——Photonic Professional GT。这款Photonic Professional GT 3D打印机，能制作纳米级别的微型结构，以最高的分辨率，快速的打印宽度，打印出不超过人类头发直径的三维物体。

2. 最小的3D打印机

世上最小的3D打印机来自维也纳技术大学，由其化学研究员和机械工程师研制。这款迷你3D打印机只有大装牛奶盒大小，重量约3.3磅（约1.5kg），造价1200欧元（约1.1万元人民币）。相比于其他的打印机，这款3D打印机的成本大大降低。研发人员还在对打印机进行材料和技术的进一步实验，希望能够早日面世。

3. 最大的3D打印机

华中科技大学史玉升科研团队经过十多年努力，实现重大突破，研发出全球最大的“3D打印机”。这一“3D打印机”可加工零件长宽最大尺寸均达到1.2m。这项技术将复杂的零件制造变为简单的由下至上的二维叠加，大大降低了设计与制造的复杂度，让一些传统方式无法加工的奇异结构制造变得快捷，一些复杂铸件的生产由传统的3个月缩短到10天左右。

大连理工大学参与研发的最大加工尺寸达1.8m的世界最大激光3D打印机进入调试阶段，其采用“轮廓线扫描”的独特技术路线，可以制作大型工业样件及结构复杂的铸造模具。这种基于“轮廓失效”的激光三维打印方法已获得两项国家发明专利。该激光3D打印机只需打印零件每一层的轮廓线，使轮廓线上砂子的覆膜树脂碳化失效，再按照常规方法在80℃加热炉内将打印过的砂子加热固化和后处理剥离，就可以得到原型件或铸模。这种打印方法的加工时间与零件的表面积成正比，大大提升打印效率，打印速度可达到一般3D打印的5～15倍。

4. 3D打印机器人

2013年11月23日，西安电子科技大学展出了3D打印机器人，这是一台远程体感控制服务机器人，最主要的功能是照顾老人。很多老人行动不便，有了机器人助手，只要对着摄像头做出手势，机器人就能模仿动作去做家务。

随着3D打印技术的不断推广，更多的3D打印机产品正在不断出现。

2.2 教学型3D打印机

在互联网高度发达的今天，许多人认识 3D 打印机大多都是通过网络。自我复制式3D打印机也最先被大多数人们所接受。

最初的RepRap开源项目是由英国巴斯大学（University of Bath）机械学院的Adrian

Bowyer 等人所发起的，主要目的是希望能够独立设计和制作出一款面向所有普通用户的 3D 打印机。据项目创始人 Adrian Bowyer 所说，最初创建这个项目的动力是为了一个很科幻的目标——实现机器的自我复制。当然，针对的还只是机械零件部分，这也正是项目名称的由来，RepRap 全称为 Replicating Rapid-prototyper，即快速复制原型。该项目一直保持完全开源，任何人都可以到项目网站上下载设计资料，包括电路图与机械设计图，以及软件的源代码。

受到上述打印机的启发，人们研发了一种方便学生学习的模组化 3D 打印机。如图 2-6 所示，本设备为教学型 3D 打印机，在主要技术参数和整体框架的形态上显得更加紧凑，在总结市场上几种 3D 打印机的硬件机构特点基础上，对所有的零部件都做了重新设计和优化。榫卯式机构，更有效地提高了机器装配精度和速度，固件、电路图、关键组件、主机软件等都进行了更新和更加合理的设计与改进，定位精度：*XY* 轴可以达到 0.011mm；*Z* 轴可以达到 0.0025mm；打印速度可以达到 80mm/s；打印喷嘴采用 K 型热电偶式单喷头，喷嘴直径为 0.4mm。

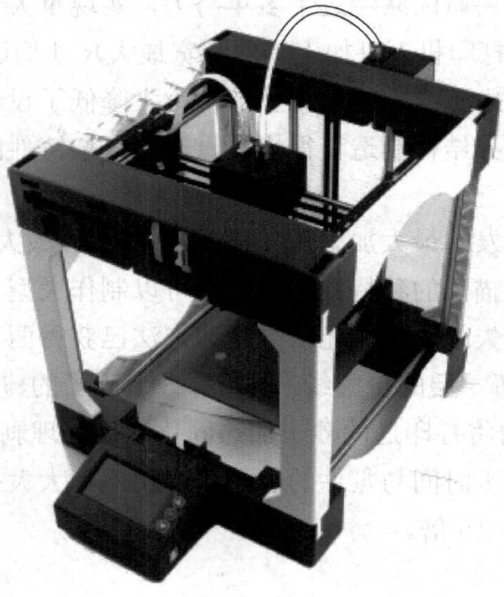

图 2-6 教学型 3D 打印机

主要技术参数：

打印机的外形尺寸：280mm×300mm×320mm。

打印机的打印尺寸：130mm×130mm×160mm。

2.2.1 教学型 3D 打印机组成

教学型 3D 打印机的一般要求：打印机质量要轻，结构要巧，操作要简单，维修要方便。机构一般由如下五大部件组成。

1. 打印机本体

打印机本体是打印机的基础组件。本设备的本体机构主要由 4 根垂直支撑板、8 根水平支撑板、12 根支撑光杆和若干组轴承套等组成。榫卯结构，无螺钉安装，保证了其定位准确，也有效地保障了主机运动准确度。

2. 打印喷头组件

打印喷头组件是教学型 3D 打印机的关键组件，主要包括远端送料组件、喷头组件和锁止装置组件。喷头装置整体由步进电机提供动力，经过远端送料机构，将打印丝沿导向管，从远端送入喷头进料入口处，同时通过喷嘴处安装的陶瓷环绕式加热圈加热，最终完成打印喷头出料任务。锁止装置组件，可将可拆卸的喷头组件用插拔卡扣式方法快速安装到喷头组件固定座上，工作效率高，喷头定位准确度高，使得后期维修更加便捷，大大降低了设备使用和后期维护成本；内置温控传感器，使得环绕式加热系统成为闭环控制系统，更有效地提高了打印质量和精度；远端送料减轻了打印喷头装置的整体重量，有效提高了打印速度。可拆卸式打印头装置，如图 2-7 所示。

图 2-7 可拆卸式打印头装置

3. 打印平台组件

打印平台组件包括打印平台传动组件、打印平台调平组件和打印平台其他组件，本装置整体由步进电机提供动力，经同步轮同步带传动后带动打印平台上下移动。打印平台分上下两层，通过强力磁吸相联结，使得打印机在取打印好的零件时十分方便；同时，当打印平台受损时，更换快捷；如果同时能配置两块打印平台，还可以提高打印效率，使得修件和取件不再占用有效的打印时间。另外，打印平台托盘采用一体化设计方案，最大限度地减少了许多装配的中间环节，大大提高了打印机装配速度和精度。

4. 控制主板

控制主板是打印机的核心器件。主要负责打印机各机构组件的协调运动、参数定义、界面功能显示等。本设备主要使用单片机作核心控制器。

5. 控制面板

控制面板主要用于操作打印机，主要由功能选择、上下翻页、确认选择、增减速开关等按键组成。

2.2.2 教学型 3D 打印机机构调整

学习打印机，机构调整很关键。下面就以教学型 3D 打印机机构为调整为例，具体讲解。

步骤一：调平打印托盘。

打印托盘是形成打印件的基础。为确保打印件始终黏在托盘上，它必须离开喷头喷嘴一定的距离，约 0.5mm。托盘上安装有三个调平旋钮，通过旋转旋钮可对平台进行水平调整，如图 2-8 所示。

在调平过程中应注意如下问题：

（1）在 LCD 屏幕上选择系统设置。平台调整后，平台会自动上升至距喷头设定距离；

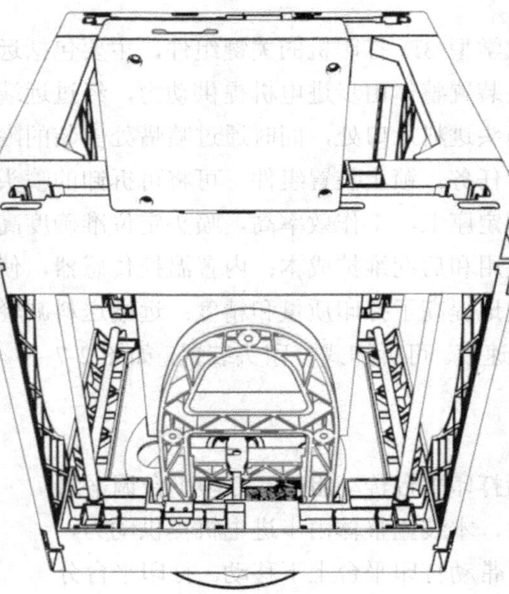

图 2-8 调平打印托盘

（2）手动调整喷头至平台四角，观察喷嘴与平台间隙进行调整，可使用随机附带的塞规进行间距测量；

（3）调整完毕后，单击操作面板上的“确认”选择键进行调整确认；

（4）通过移动喷头到打印托盘周围的不同点以确保托盘与喷头喷嘴之间保持适当的距离；

（5）每台机器出厂前，都会单独针对平台及托盘进行水平调整，因在运输途中可能造成无法避免的晃动，所以使用前需再一次确认平台是否水平；

（6）使用者可以随时通过在控制面板主屏幕上选择“系统设置”菜单，然后选择“平台调整”来调整平台。

步骤二：装卸耗材。

本款机器使用 1.75mm 直径的 PLA 耗材来制作 3D 打印物体。先将 PLA 耗材料盘挂置机器背面的耗材轴上，再将料盘上耗材的活动端装载到机器背面悬挂的远端挤出机进料口端，然后按压挤出机将耗材穿入导料管直至喷头进料端，如图 2-9 所示。具体步骤如下。

（1）在控制面板选择装载耗材；

（2）将耗材的活动端从下至上穿入挤出机的进料端，喷头通过导料管不断推送耗材，直至感觉到耗材抵住喷头进料口；

（3）看到耗材从喷头喷嘴中涌出后，按控制面板停止挤出；

（4）卸载时，先将耗材装载吐丝 20s 后，再在控制面板选择卸载耗材，等待喷头加热，电机倒转，直至电机无法咬合足够的耗材活动端，然后按压悬挂在后方的远端挤出机按压板将其从中拉出。

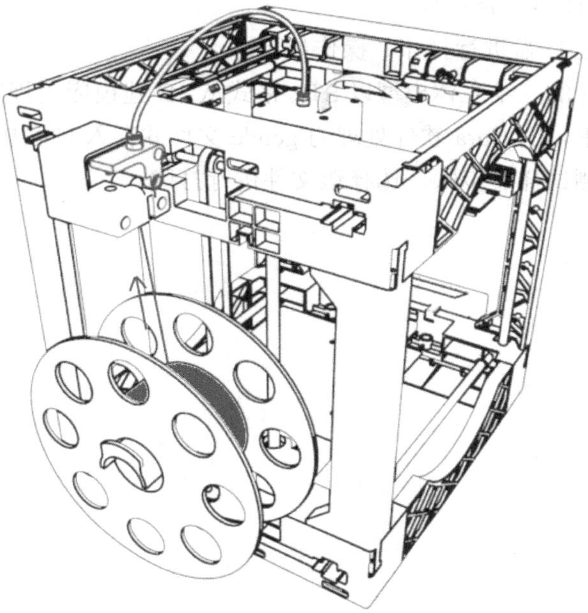

图 2-9　装卸耗材

注意：

（1）连接喷头组件与挤出机的蓝色标识部分为导料管。

（2）红色部分为挤出机按压部分。

1）装载耗材动作一开始进行时按压挤出机，直至耗材活动端从进料口进入，并抵住喷头进料口时松开；

2）卸载耗材时，请先将耗材装载吐丝 20s 后，再按控制面板选择卸载耗材，避免耗材受热膨胀在喉管内造成堵塞无法继续使用；

（3）红色箭头为蓝色耗材活动端插入进料口的方向。

步骤三：打印测试样品。

完成以上步骤即可开始打印物体。此时，LCD 面板将会显示一些已加载到 3D 打印机内部存储的打印文件。打印测试样品时，可以选择随机配送的 U 盘中的测试模型。

（1）使用选择按键突出显示 20mm.gcode 文件；

（2）按“确认”键以加载所选的打印文件；

（3）加载完毕后，机器将会自动进行打印任务；

（4）打印完成后，平台下降至底部，即可从打印托盘上拿出平台，取下模型。

警示：切勿在加载过程中拔出 U 盘，否则机器将会提前打印未加载完毕的文件，造成打印失败。

注意：打印 U 盘中测试模型时，加载完毕后，可以拔出 U 盘，无需将 U 盘始终保持在读取状态。

步骤四：如何打印新的模型。

本设备需要通过 U 盘进行打印，操作如下。

（1）将预先设计的三维立体模型以 STL 格式从 3D 建模应用程序中导出；

（2）利用随机附带的 Cura 软件处理为 gcode 文件并存入 U 盘中；

（3）按照打印测试样品步骤，选择该文件进行打印。

三维数字模型是3D打印的“数据源”，三维建模技术是进行创新设计的关键技术之一。利用三维建模技术可以依托设计软件在计算机虚拟空间中，建造出虚拟的人工环境。三维建模技术在各行各业均有广泛应用，是当今信息时代的支撑技术之一。本章将带你进入三维设计的虚拟世界，学习三维数字建模的基本方法和基本原理。

第 3 章

三维建模与创新设计

◎**本章知识要点**

1. 三维数字模型的获取方法。
2. 学习安装三维设计软件。

◎**兴趣实践**

布置学生安装设计软件，学习零件设计。

◎**探索思考**

安排学生调研目前常用的三维设计软件都有哪些？

三维数字模型是在计算机虚拟世界中存在的有长度、宽度、高度三个方向尺寸的虚拟模型。如图 3-1 所示，获得三维数字模型的方法主要有四种：利用三维造型软件建模、利用三维扫描软件逆向建模、利用逆向工程软件建模和从网络社区、云端平台下载。

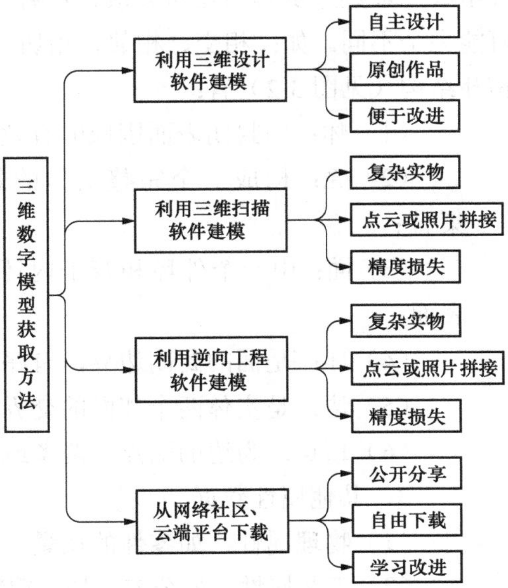

图 3-1　三维数字模型获取方法

3.1 三维建模的基础知识

随着设计理论的发展及科学技术的进步，特别是计算机技术的高速发展，机械产品的设计、开发已应用了现代设计的思想和方法，为满足市场产品的质量、性能、时间、成本、价格综合效益最优，三维建模以多种学科及技术为手段，实现了设计过程的并行化、最优化和精确化。

采用计算机软件进行的三维建模方法，相比传统的机械设计，无论在提高效率、改善设计质量方面，还是在降低成本、减小劳动强度方面，均有着巨大的优越性。其主要的特点是设计直接从三维概念开始，是具有颜色、材料、形状、尺寸、相关零件、制造工艺等相关概念的三维实体，除可以将技术人员的设计思想以最真实的模型在计算机上表现出来外，还可以根据自动计算出的产品体积、面积、质量和惯性等对产品进行强度、应力等各类力学性能分析，从而具有实质上的物理意义。因此，三维建模技术不仅改变了设计的概念，并且将设计的便捷高效性向前推进了一大步。

三维建模技术是用合适的数据结构对三维形体的几何形状及其属性进行描述，建立便于信息转换与处理的计算机内部模型的过程，模型中包含了三维形体的几何信息、拓扑信息以及其他的属性数据。

1. 几何信息

几何信息是指形体的形状、位置和大小的信息。如：矩形体的长宽高，点的位置等，可用数学表达式描述。

2. 拓扑信息

拓展信息反映形体各组成元素数量及其相互间关系。若两形体几何信息相同，若拓扑信息不同，则两形体可能完全不同。如：相交、相邻、相切、垂直、平行等。

其中，形体的六层拓扑结构（见图 3-2）有：

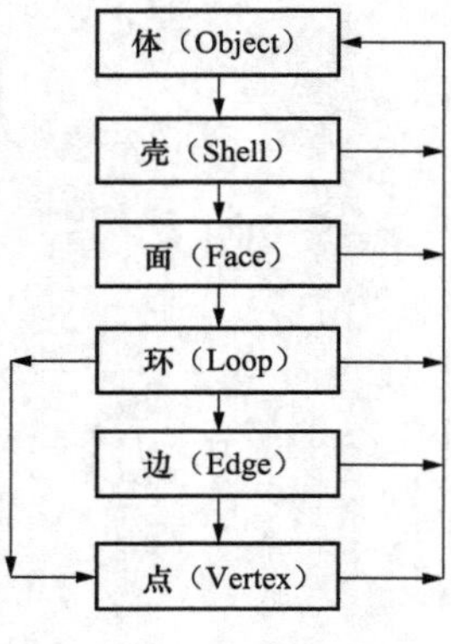

图 3-2 形体的六层拓扑结构

（1）体：由封闭表面围成的有效空间；

（2）壳：构成一个完整实体的封闭边界，是一组面的集合；

（3）面：由一个外环和若干内环界定的有界、不连通的表面；

（4）环：是面的封闭边界，有序、有向边的集合；

（5）边：是实体两个邻面的交界；

（6）顶点：为边的端点，两条或两条以上边的交点。

3. 其他属性数据

（1）物理属性，如零件的质量、材料，性能参数；

（2）工艺属性，如公差、加工粗糙度和技术要求等信息。

三维建模对被设计对象进行描述，并用合适的数据结构存储在计算机内，以建立计算内部模型的过程，主要经历了线框建模、表面（曲面）建模、实体建模、特征造型、特征参数模型、产品数据模型的演变过程，主要建模类型及特点如图 3-3 所示。另外，其中常用的零件特征建模包括形状特征、精度特征、技术特征、材料特征和装配特征等，与实体建模相比，特征造型具有：①能更好地表达统一完整的产品信息；②能更好地体现设计者意图，使产品模型便于理解和组织生产；③有助于加强产品设计、分析、加工制造、检验等各部门间的联系。

目前，三维建模已经被用于各种不同的领域：在医疗行业使用它们制作器官的精确模型；电影行业将它们用于活动的人物、物体以及现实电影；视频游戏产业将它们作为计算机与视频游戏中的资源；在科学领域将它们作为化合物的精确模型；建筑业将它们用来展示提议的建筑物或者风景表现；工程界将它们用于设计新设备、交通工具、结构以及其他应用领域。

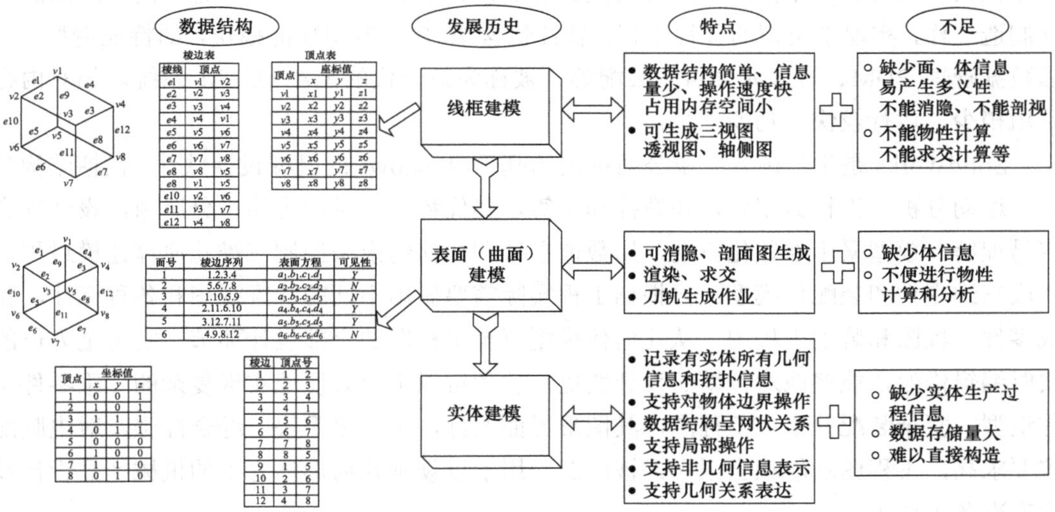

图 3-3　三维模型的建立方法示意图

3.2 三维设计软件

目前，在市场上可以看到许多优秀建模软件，比较知名的有 3ds Max、SolidWorks、Maya、UG 以及 AutoCAD 等。它们的共同特点是利用一些基本的几何元素，如立方体、球体等，通过一系列几何操作，如平移、旋转、拉伸以及布尔运算等来构建复杂的几何场景。利用建模构建三维模型主要包括几何建模（Geometric Modeling）、行为建模（Kinematic Modeling）、物理建模（Physical Modeling）、对象特性建模（Object Behavior）以及模型切分（Model Segmentation）等。

常用的三维设计软件还有Pro/ENGINEER，还有Maya、CAXA、AutoCAD、SolidWorks等。上述三维软件用于不同行业，各种三维软件各有所长，可根据工作需要选择。例如在艺术设计方面，比较流行的三维软件有：Rhino（Rhinoceros 犀牛）、Maya、3ds Max、Softimage/XSI、Lightwave 3D、Cinema 4D 等。对于机械行业来说，常用的三维设计软件有 SolidWorks，UG，Pro-ENGINEER。

UG 是 Siemens PLM software 公司的拳头产品，首次突破了传统的CAD/CAM模式，为用户提供了一个全面的产品建模系统，其优越的参数化和变量化技术与传统的实体、线框和表面功能结合在一起，界面友好，被大多数软件厂商所应用。在工业产品中应用广泛，包括汽车、模具、机箱机柜等。

Pro/ENGINEER 是美国参数技术公司（Parametric Technology Corporation，PTC）的产品，该公司提出的单一数据库、参数化、基于特征、全相关的概念改变了机械CAD/CAE/CAM 的传统观念，其全新的概念已成为当今世界机械CAD/CAE/CAM领域的新标准，第三代软件能将设计至生产全过程集成到一起，让所有用户能够同时进行同一产品的设计制造工作，实现了所谓的并行工程。软件包含 70 多个专用功能模块，如特征造型、产品数据管理 PDM、有限元分析、装配等，被称为新一代的 CAD/CAM 系统。相对内存占用稍少，运行较快，功能齐全。

SolidWorks 是生信国际有限公司推出的基于 Windows 的机械设计软件，包括结构分析、运动分析、工程数据管理和数控加工等，其优势在于设计思路十分清晰，设计理念容易理解，模型采用参数化驱动，用数值参数和几何约束来控制三维几何体建模过程，生成三维零件和装配体模型；再根据工程实际需要做出不同的二维视图和各种标注，完成零件工程图和装配工程图。从几何体模型直至工程图的全部设计环节，实现全方位的实时编辑修改，能够应对频繁的设计变更。软件可以十分方便地实现复杂的三维零件实体造型、复杂装配并生成工程图，其图形界面友好，用户上手快，综合性强，对电脑配置要求高，工程图功能相当强大。被广泛应用于以规则几何形体为主的机械产品设计及生产准备工作中。

Cimatron CAD/CAM 系统是以色列 Cimatron 公司的 CAD/CAM/PDM 产品，系统提供了比较灵活的用户界面，优良的三维造型和工程绘图功能，全面的数控加工技术，各种通用、专业数据接口，以及集成化的产品数据管理系统，在国际上的模具制造业备受欢迎，用户覆盖机械、科研和教育等领域。

AutoCAD 是 Autodesk 公司的主导产品，是当年最流行的二维绘图软件，具有强大的二维功能，如绘图、编辑、剖面线、图案绘制、尺寸标注及二次开发等功能，同时有部分三维功能，其提供 AutoLISP、ADS、ARX 作为二次开发的工具，在二维绘图领域拥有广泛的用户群，是目前世界上应用最广的 CAD 软件之一。

下面以 UG 为例，进行三维设计软件的安装任务，主要包括安装许可文件和主程序，具体步骤如下：

1. 安装 UG8.0 许可文件

（1）首先在任何盘符下新建一个文件夹命名为“UG8.0”，如图 3-4 所示。

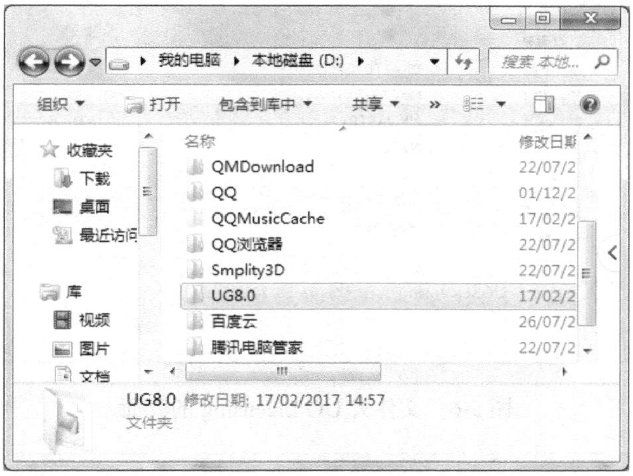

图 3-4　新建文件夹的命名界面

在 UG8.0 文件夹内新建两个文件夹分别命名为“LIC”和“UG”，如图 3-5 所示，其中，LIC 文件夹存放 UG 许可证文件，UG 文件夹存放 UG 主程序文件。

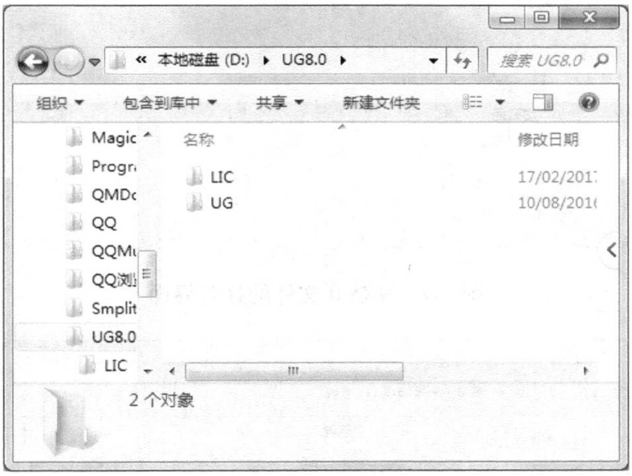

图 3-5　UG 许可证文件与主程序文件夹的建立界面

（2）打开解压 UG8.0 的 32 位软件安装包，找到文件夹 UG Licensing，如图 3-6 所示。

在 UG Licensing 文件夹中找到 NX8.0 文件，如图 3-7 所示，并用记事本打开 NX8.0 文件。

（3）右击计算机“我的电脑”，打开属性对话框，如图 3-8 所示。单击“高级系统设置”，出现如图 3-9 所示界面，单击计算机名，显示出计算机名。

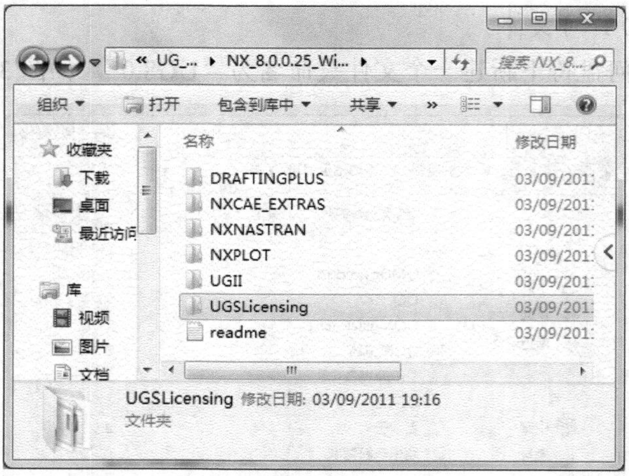

图 3-6　文件夹 UG Licensing 的界面

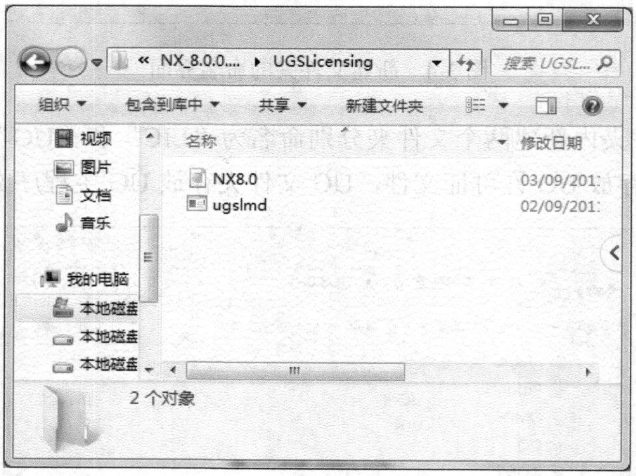

图 3-7　NX8.0 文件的打开界面

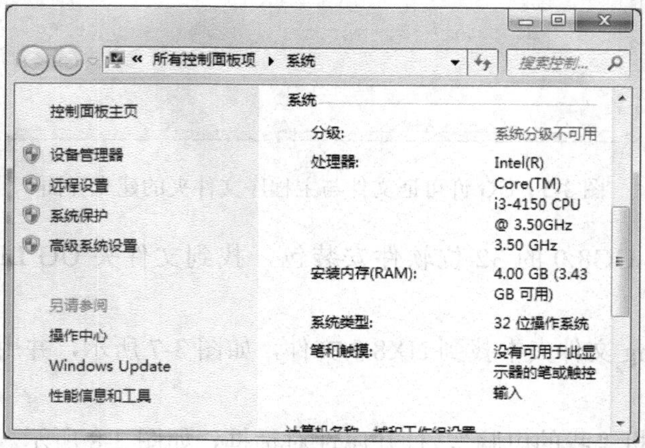

图 3-8　属性界面

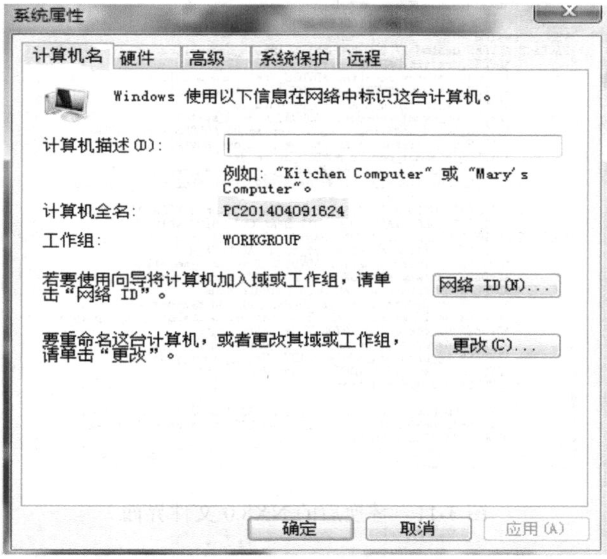

图 3-9　计算机名的显示界面

（4）找到用记事本打开的文件 NX8.0，如图 3-10 所示，复制图 3-9 的计算机全名，并将图 3-9 中“this_host”部分替换为计算机全名，如图 3-11 所示。

图 3-10　用记事本打开的 NX8.0 文件界面

（5）将保存好的文件 NX8.0 复制到新建的 UG8.0 文件夹下面，如图 3-12 所示。

（6）打开解压 UG8.0 的 32 位软件安装包，如图 3-13 所示。双击“Launch”程序打开出现如图 3-14 所示界面。

点击“Install License Server”，出现如图 3-15 所示画面。

图 3-11　替换后的 NX8.0 文件界面

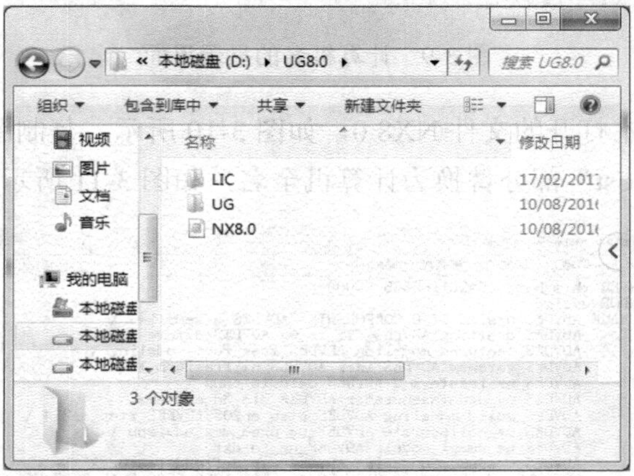

图 3-12　保存好的 NX8.0 文件界面

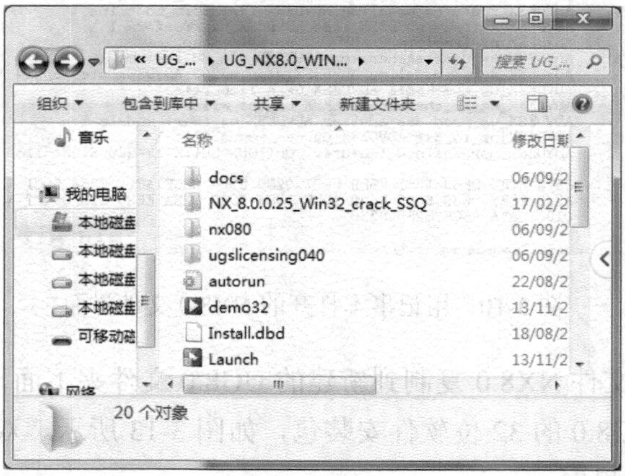

图 3-13　Launch 程序的选择界面

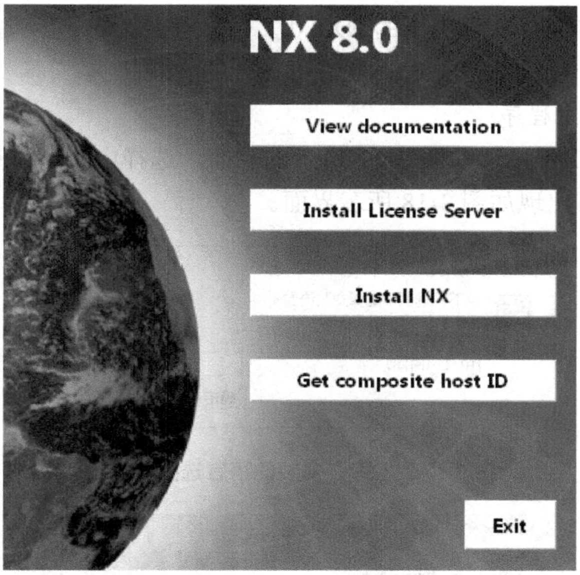

图 3-14　Launch 程序的界面

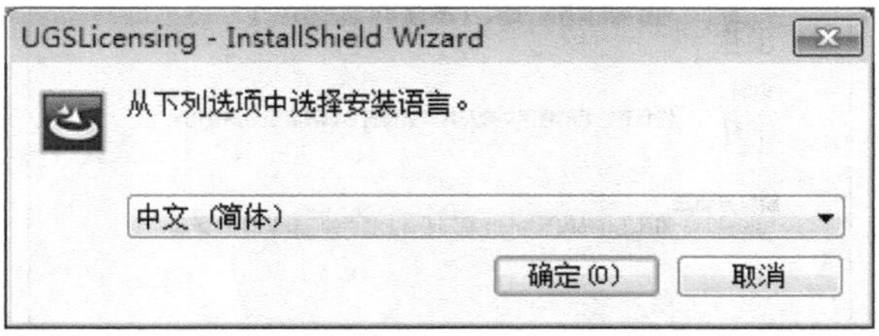

图 3-15　安装语言的选择界面

选择中文简体首先点击“确定”按钮，再点击“下一步”按钮，出现如图 3-16 所示的界面。

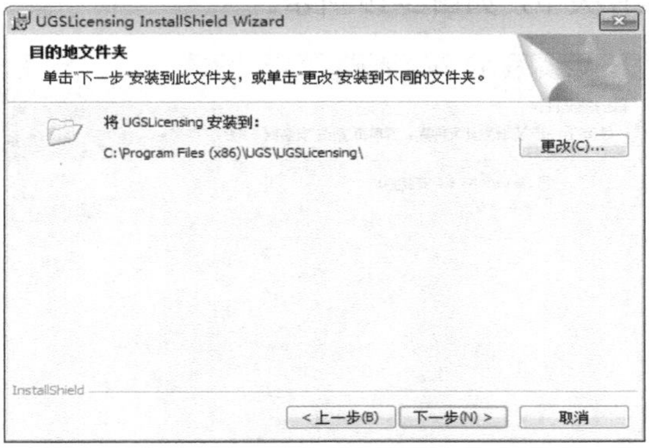

图 3-16　安装目录的选择界面

点击更改，将 UG Licensing 安装到 UG8.0 文件夹下的 LIC 文件夹中，再点击“下一步”按钮浏览选择 UG8.0 文件夹下的 NX8.0 文件，点击“下一步”按钮进行安装，安装结束后点击“完成”按钮，完成 UG8.0 许可文件的安装。

2. 安装 UG8.0 主程序

点击“Install NX”出现如图 3-17 所示的界面，选择中文简体点击“确定”按钮，点击“下一步”按钮出现如图 3-18 所示界面。

图 3-17　主程序安装的语言选择对话框

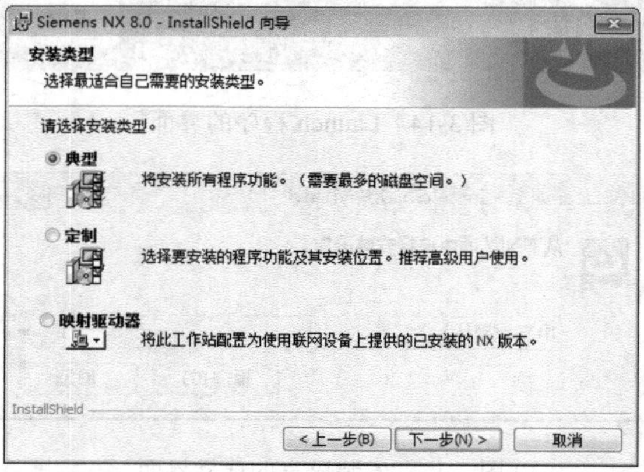

图 3-18　安装类型的选择界面

选择“典型”安装，点击“下一步”按钮，点击更改将 Siemens NX8.0 安装到 UG8.0 文件夹目录下的 UG 文件夹中，如图 3-19 所示。

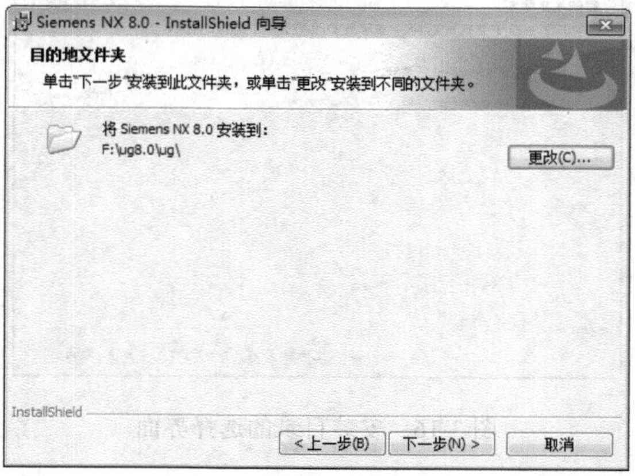

图 3-19　安装目录的选择界面

点击“下一步”按钮，出现如图 3-20 所示界面，确定 28000@后面的内容为计算机全名，点击“下一步”按钮，出现如图 3-21 所示界面，选择简体中文，继续点击“下一步”按钮进行安装，结束后点击“完成”按钮，完成 UG8.0 主程序的安装。

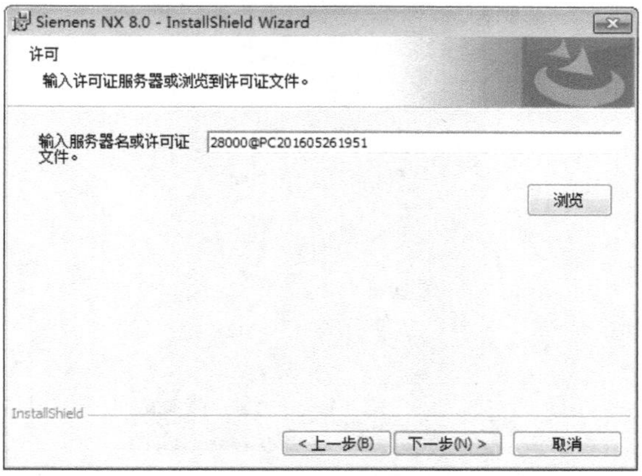

图 3-20　安装服务器的界面

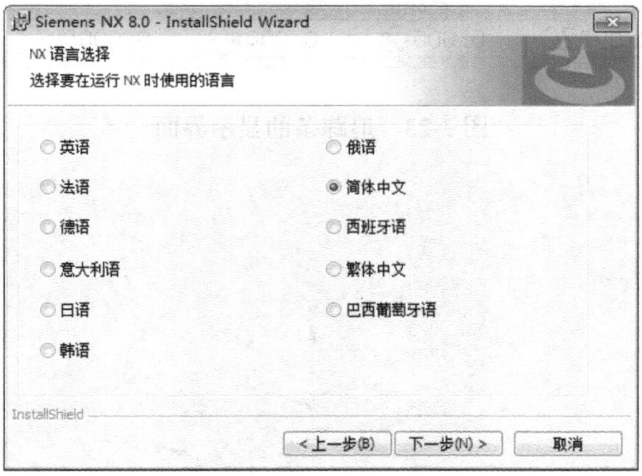

图 3-21　NX 语言的选择界面

3.3　三　维　建　模

3.3.1　三维图形建模

以茶杯的三维设计为例，学习利用 UG 进行三维建模的完成产品设计的方法，设计步骤如下：

（1）单击“插入”，选择“曲线→基本曲线”，如图 3-22 所示。

（2）通过如图 3-23 的追踪条绘制三个圆，直径依次为 10mm、12mm 和 10mm，如图 3-24 所示。

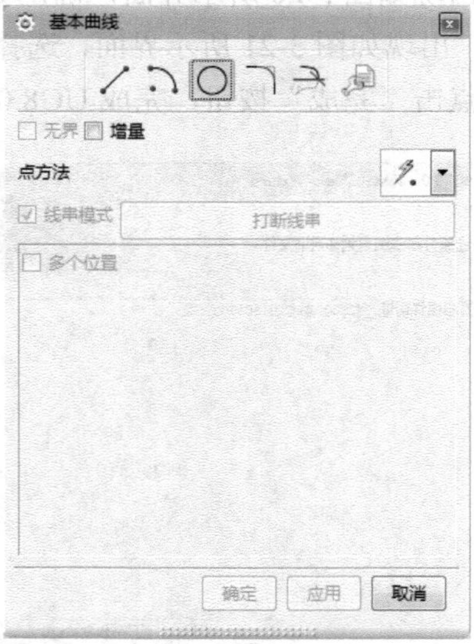

图 3-22　基本曲线的对话框

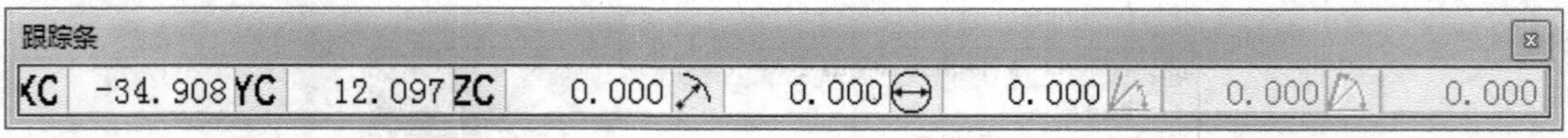

图 3-23　追踪条的显示界面

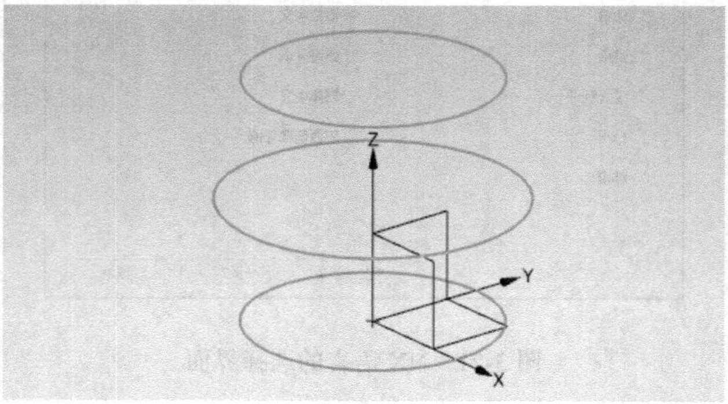

图 3-24　圆的草图界面

（3）单击“插入”，选择“网格曲面→通过曲线组”，如图 3-25 所示，在“添加新集”中选择 Φ10 圆，再建一新集选择 Φ12 圆，依次完成三个圆的选择，点击“确定”后如图 3-26 所示。

（4）在任务环境中插入“创建草图”，如图 3-27 所示，绘制如图 3-28 所示的茶杯手把。

（5）单击“插入”，选择“在任务环境中绘制草图”，在“草图类型”中选择“基于路径”，如图 3-29 所示，绘制直径为 1.5mm 的圆，如图 3-30 所示。

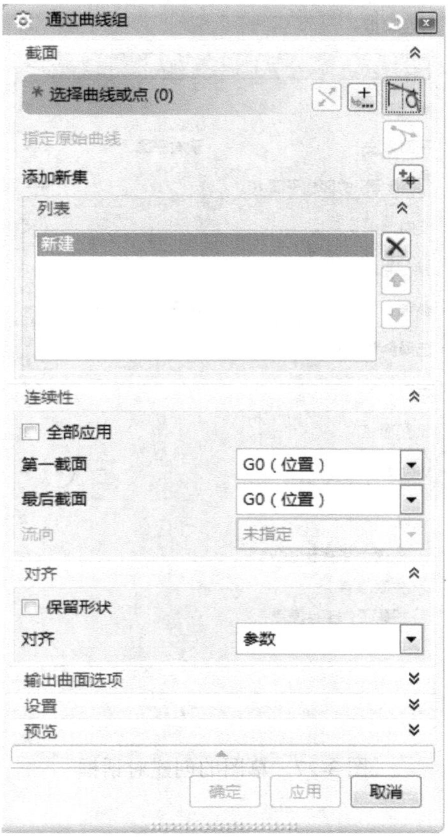

图 3-25　网格曲面的对话框

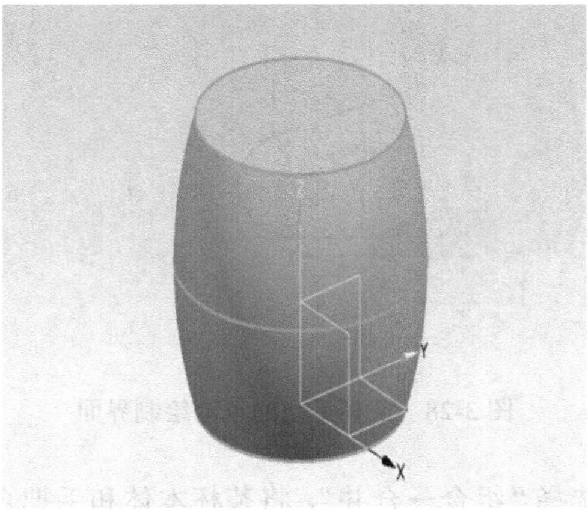

图 3-26　网格曲面的生成界面

（6）单击“插入”，选择“扫掠”，弹出“扫掠”对话框，“截面”选择直径 1.5 的圆，“引导线”选择手把的曲线，对话框如图 3-31 所示，单击“确定”，如图 3-32 所示。

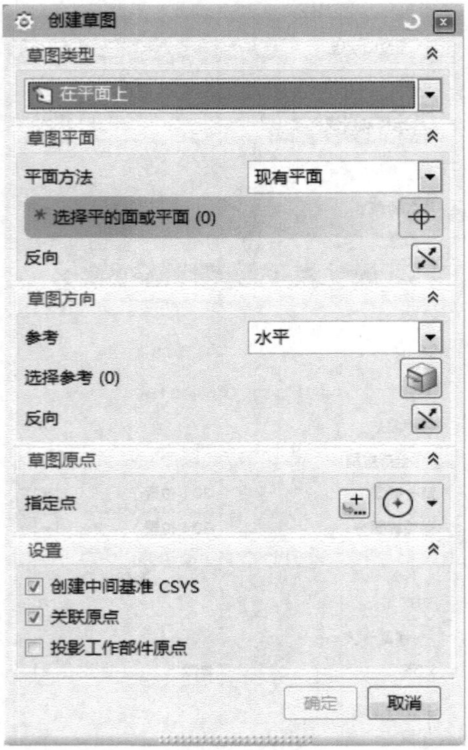

图 3-27　草图的创建对话框

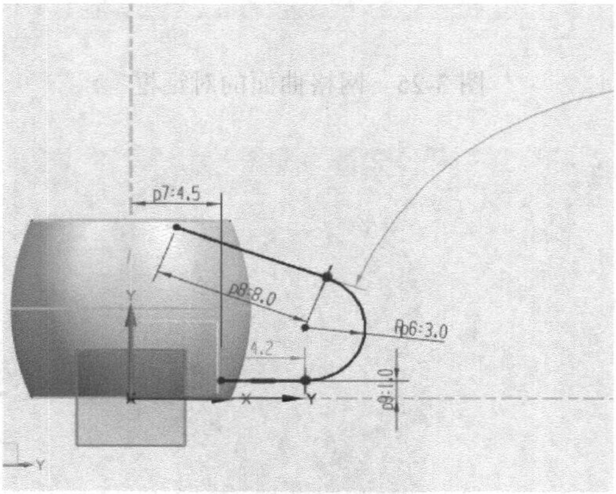

图 3-28　茶杯手把的草图绘制界面

（7）单击“插入”，选择“组合→合并”，将茶杯本体和手把合为一体，得到如图 3-33 所示的形状。

（8）单击“插入”，选择“偏置/缩放→抽壳”，弹出如图 3-34 所示的界面，“类型”选择“移除面，然后抽壳”，“要穿透的面”选择茶杯的最上面，“厚度”设为 1.5，得到如图 3-35 所示形状，单击保存，完成“杯子”的绘制。

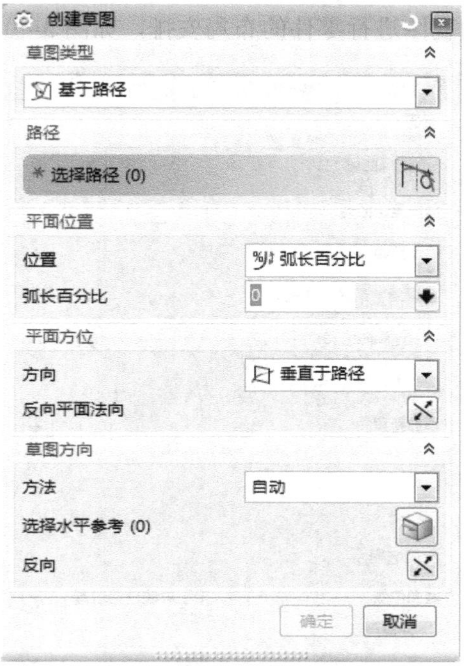

图 3-29　草图的选择对话框

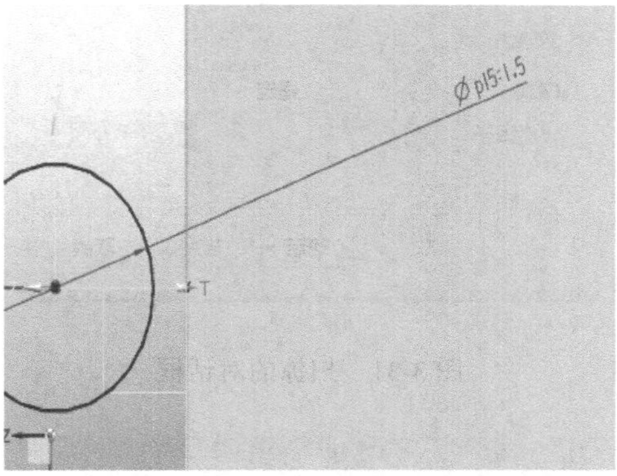

图 3-30　直径 1.5 圆的绘制界面

3.3.2　零件图纸生成

三维设计软件的图纸生成，步骤如下：

（1）打开 UG，单击“新建”，点开“图纸”菜单，选择“A4 图纸”，如图 3-36 所示，在“要创建图纸的部件”中选择创建图纸的零件图，然后单击“确定”，生成 A4 图纸。

（2）单击菜单栏的“格式”，选择“图层设置”，如图 3-37 所示，勾选“1”，“170”，“173”然后关闭，生成图纸如图 3-38 所示。

（3）显示“视图创建向导”对话框，选择“布局”，如图 3-39 所示。

（4）根据选择表达的视图进行零件的布局安排，如图 3-40 所示。

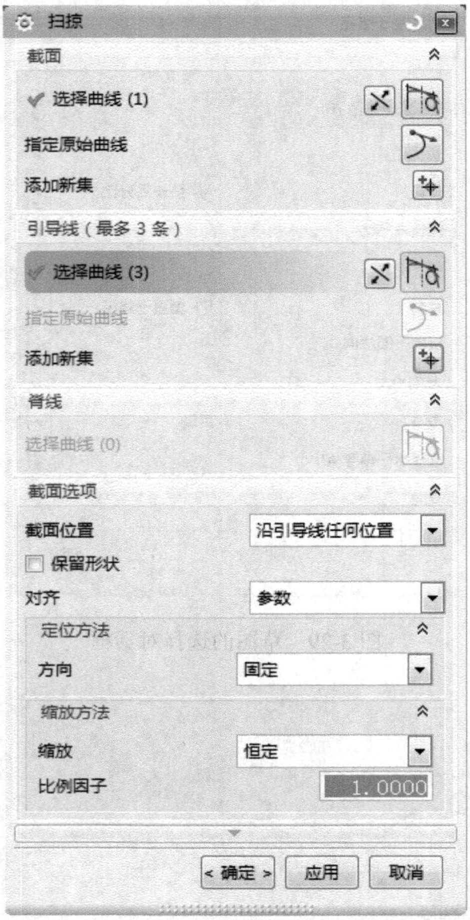

图 3-31　扫掠的对话框

图 3-32　手把的扫掠生成界面

图 3-33　求和的界面

图 3-34　抽壳的对话框

图 3-35　杯子的完成界面

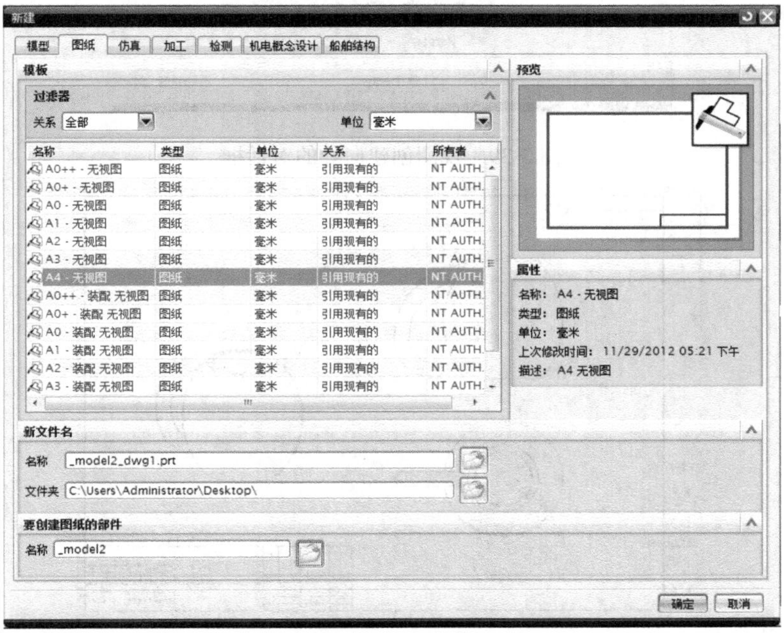

图 3-36　图纸的创建对话框

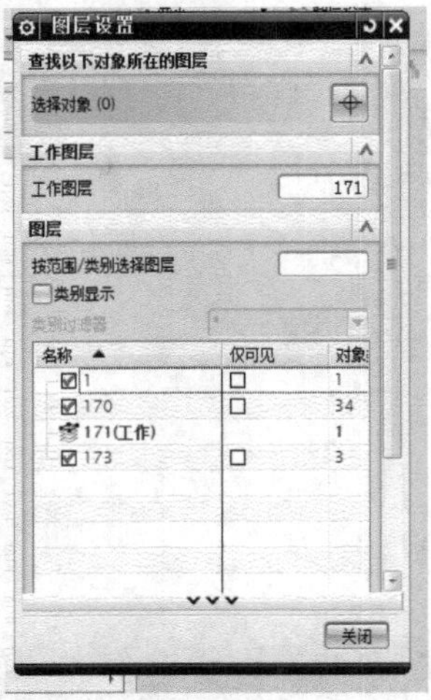

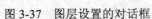

图 3-37　图层设置的对话框

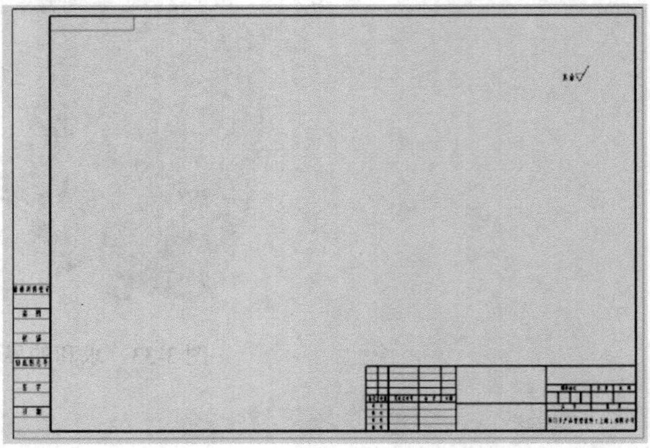

图 3-38　图纸的生成

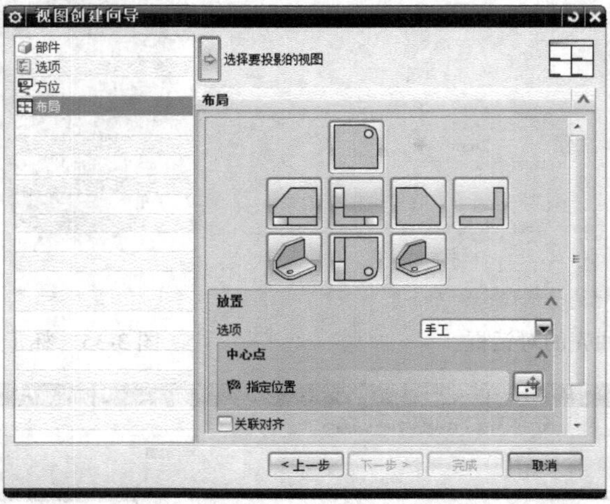

图 3-39　视图创建向导的对话框

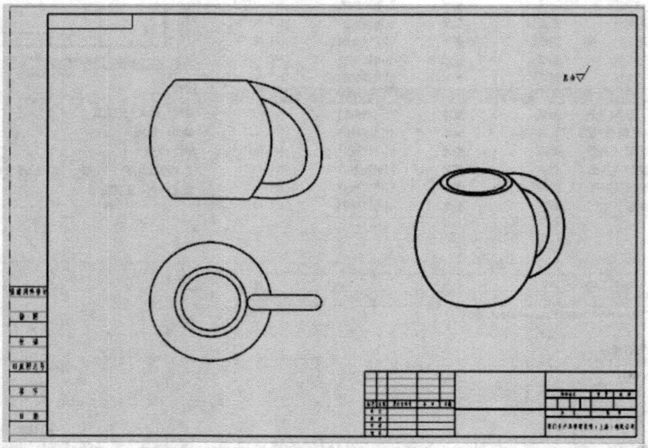

图 3-40　茶杯图纸的生成界面

3.4 创 新 设 计

3.4.1 创新设计案例 1——碗的设计

（1）单击“插入”，选择“设计特征→球”，或直接单击工具栏中的 ，显示如图 3-41 所示的对话框，“类型”中选择根据“中心点和直径”，确定球的中心点位置和直径后，单击“确定”完成。

（2）单击“插入”，选择“基准/点→基准平面”，在球体中新建一个基准平面，即切割平面，或直接单击工具栏中的 ，如图 3-42 所示，插入剖切平面后，选择“修剪→修剪体”或单击 后进行修剪，“目标”选择球，“工具”选择新建的基准平面，对球进行切割，得到如图 3-43 所示的半球。

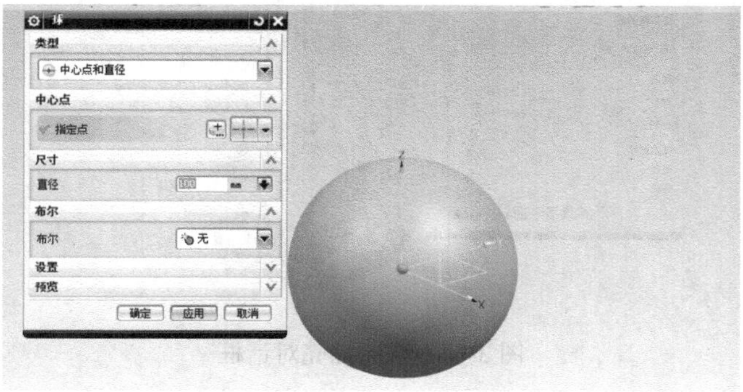

图 3-41　球的对话框

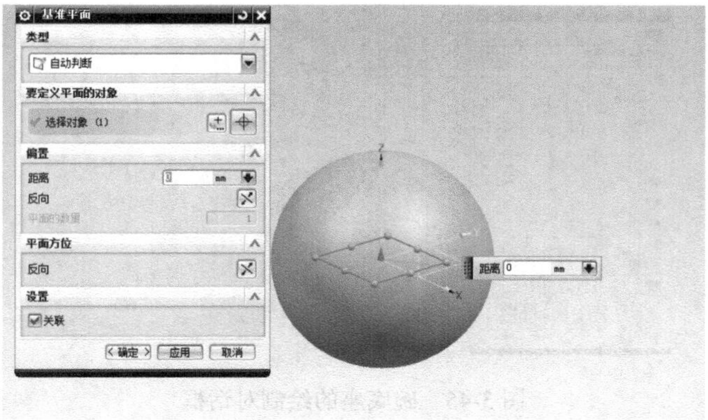

图 3-42　基准平面的设置对话框

（3）单击“插入”，选择“偏置/缩放→抽壳”，或直接单击工具栏中的 ，对半球进行抽壳处理，“类型”选择“移除面，然后抽壳”，“要穿透的面”选择半球，“厚度”设为 2mm，单击“确定”，对话框如图 3-44 所示。

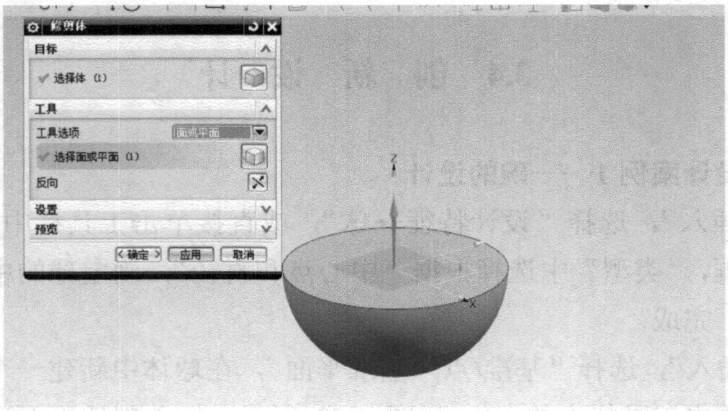

图 3-43　球的修剪对话框

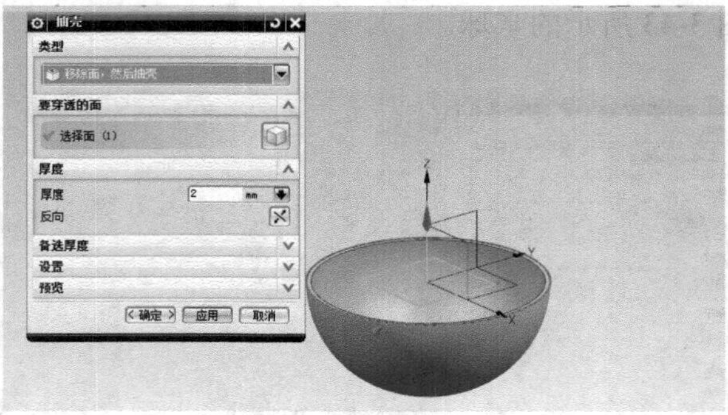

图 3-44　碗的抽壳对话框

（4）绘制碗的底座，点击“插入”，选择“设计特征→圆柱体”，“类型”选择“轴、直径和高度”，选择轴的“制定矢量”和“指定点”，建立圆柱体，如图 3-45 所示。

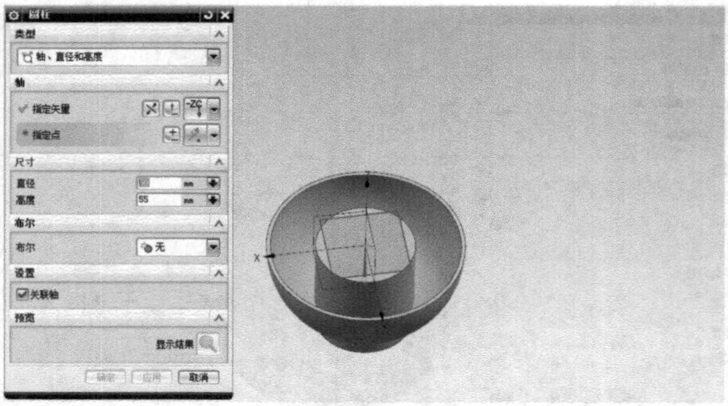

图 3-45　碗底座的绘制对话框

（5）单击“插入”，选择“修剪→修剪体”，对绘制碗底座时多余的圆柱体进行修剪，再选择“组合→合并”，或直接单击工具栏中的，将碗底座和碗进行求和，如图 3-46 所示。另外，重复上述的抽壳操作，对碗底座完成抽壳处理。

（6）单击“插入”，选择“细节特征→边倒圆”，或直接单击工具栏中的，分别对碗的口部、底座、底座与碗连接处进行边倒圆处理，单击“确定”后如图 3-47 所示。

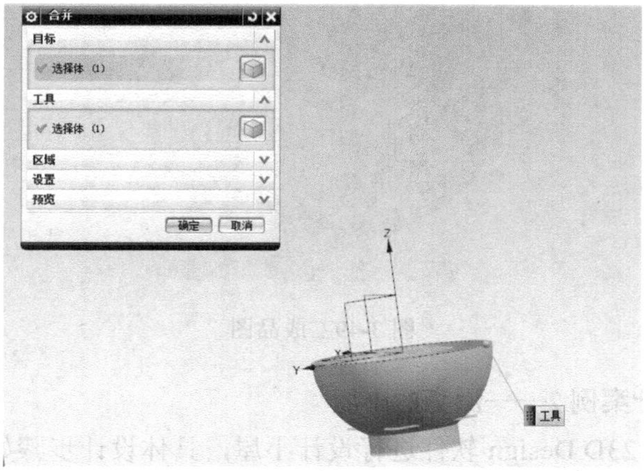

图 3-46　碗主体和底座的合并对话框

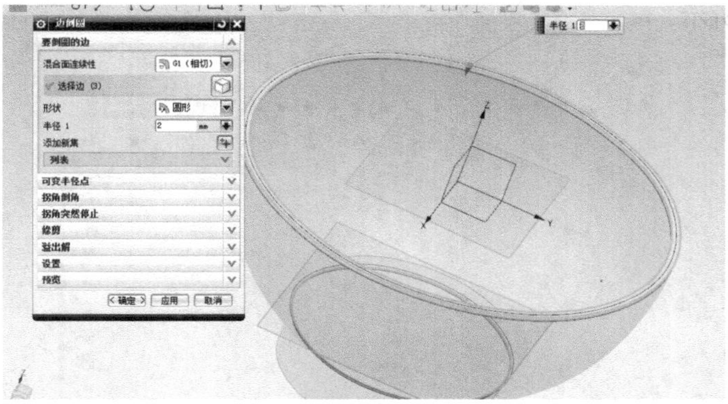

图 3-47　边倒圆处理的对话框

（7）单击“视图”，选择“可视化→真实着色编辑器”，或直接单击工具栏中的 ，对绘制的碗零件进行着色处理，如图 3-48 所示，对完成着色的零件保存，并导出后缀 stl 的文件，如图 3-49 所示。

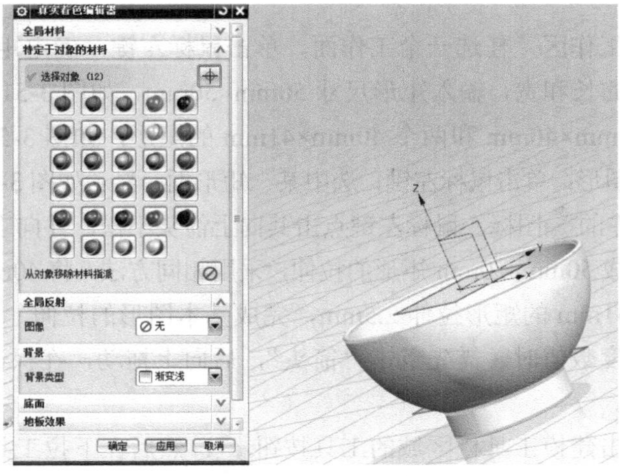

图 3-48　着色处理的对话框

图 3-49　成品图

3.4.2　创新设计案例 2——漂亮的小屋

应用 Autodesk 123D Design 软件进行设计小屋，具体设计步骤如下：

（1）建立草图：单击建模工具栏区域的文本工具按钮，在其下拉工具栏中单击，如图 3-50 所示。

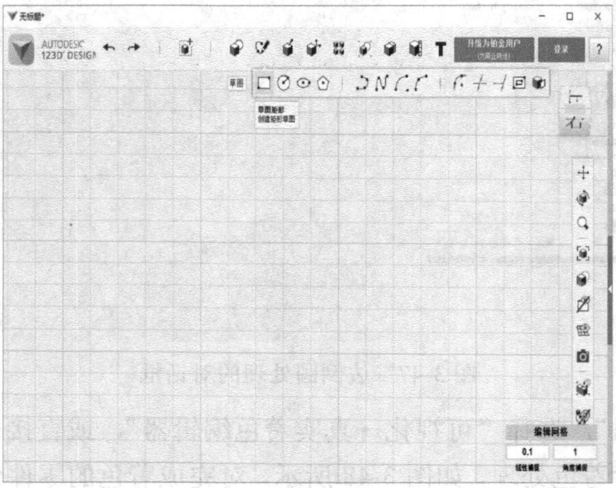

图 3-50　草图建立的对话框

将光标移动到工作区，任选一个工作面，单击鼠标左键，确定矩形的第一个顶点位置，然后设定矩形的长和宽，输入矩形尺寸 50mm×50mm，如图 3-51 所示，同样的方法再依次绘制一个 40mm×40mm 和两个 40mm×41mm 的矩形，如图 3-52 所示。

（2）添加基本图形：单击鼠标左键，选中某一矩形面，显示如图 3-53 所示的，单击后显示实现移动操作的图标，鼠标左键点击其向上箭头不松，并向上拖动，在高度对话框中输入 5mm，完成 50mm×50mm 矩形的拉伸，采用相同方法，将 40mm×40mm 的矩形拉伸 60mm，40mm×41mm 的矩形拉伸 2.5mm，完成基本图形的拉伸，如图 3-54 所示。

注意：修改高度数值时，需先点击“箭头”，后向上拖动，在保证系统移动方向后，再输入拉伸的高度。

（3）抽壳：单击建模工具栏区域的工具按钮，然后在下拉工具栏中单击“抽壳”按钮，如图 3-55 所示，弹出参数修改的对话框，修改“壁厚”为 3mm，单击“确定”后如图 3-56 所示。

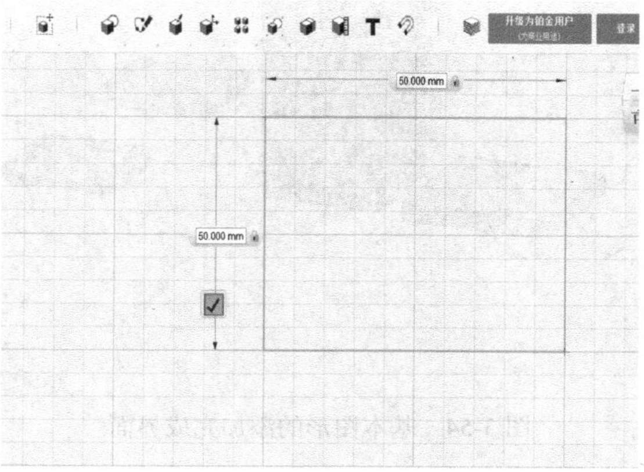

图 3-51　草图的参数输入界面

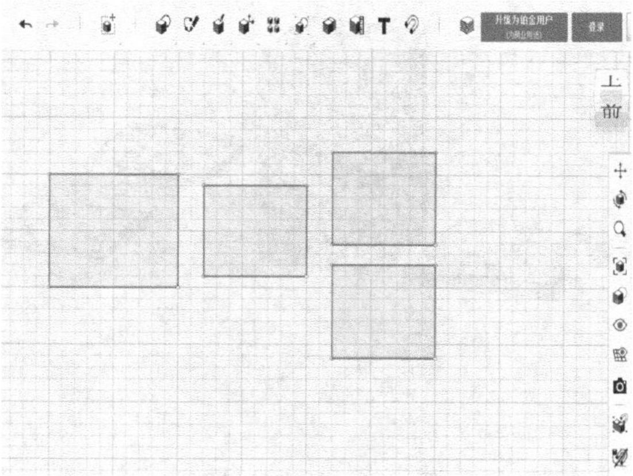

图 3-52　草图的完成界面

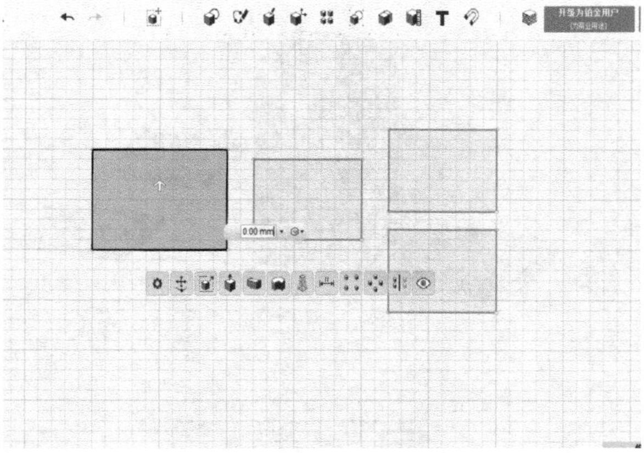

图 3-53　基本图形的添加对话框

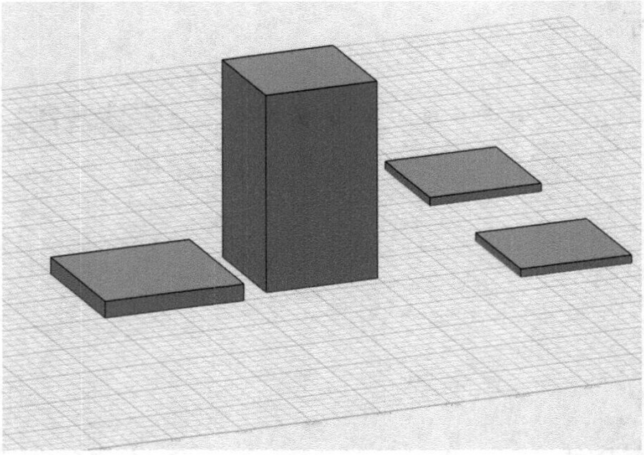

图 3-54　基本图形的添加完成界面

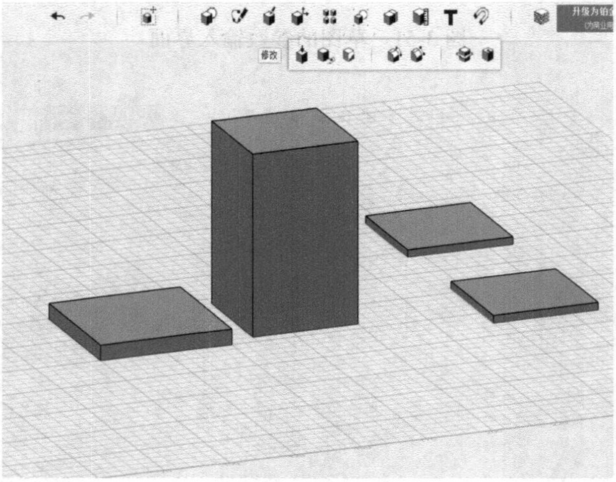

图 3-55　抽壳的界面

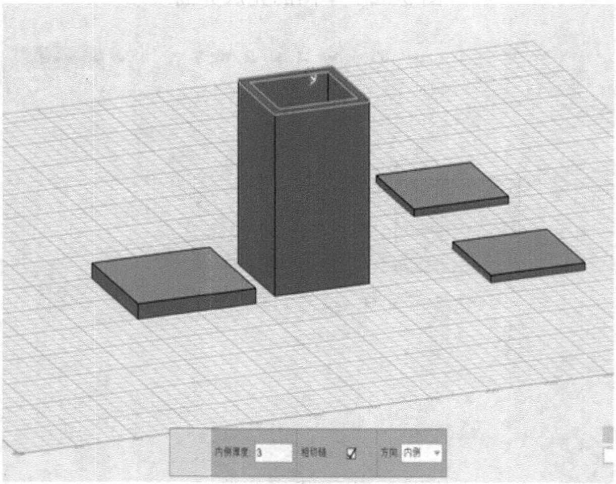

图 3-56　抽壳的参数对话框

（4）切割：单击建模工具栏区域的文本工具按钮，在其下拉工具栏中单击，如图 3-57 所示。设定圆的直径为 20mm，如图 3-58 所示，完成操作的窗户如图 3-59 所示。

单击建模工具栏区域的文本工具按钮，在其下拉工具栏中单击，如图 3-60 所示，最后画出来的效果图如图 3-61 所示。

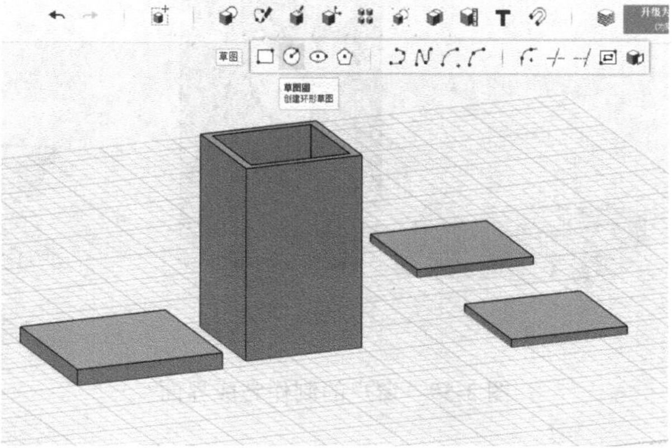

图 3-57　制作窗户的界面

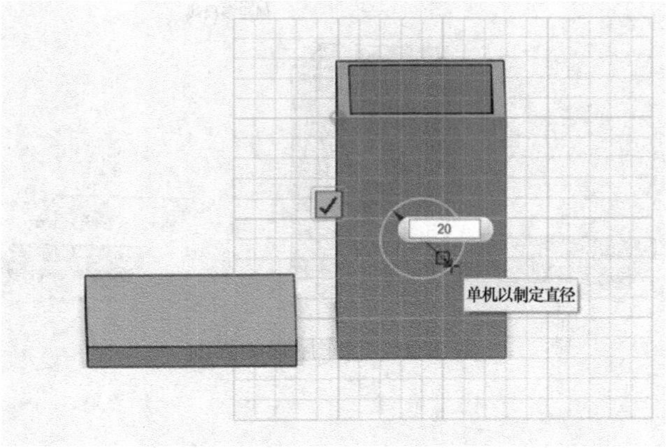

图 3-58　窗户的参数对话框

单击建模工具栏区域的文本工具按钮，然后在下拉工具栏中单击，建立分割截面，如图 3-62 所示。分割时，实体选择矩形实体，分割工具选择屋顶草图绘制的两条线，显示如图 3-63 所示。

（5）组合：单击建模工具栏区域的吸附按钮，单击如图 3-64 的两个平面，完成吸附操作，显示如图 3-65 所示的图形。

为绘制房梁，单击建模工具栏区域的图标，在其下拉工具栏中单击图标，如图 3-66 示。建立一个高 41mm、半径为 3.5mm 的圆柱体，与已建实体进行布尔和的运算，完成后如图 3-67 所示。

（6）渲染：单击“渲染按钮”，弹出如图 3-68 所示的对话框，完成小屋的设计。

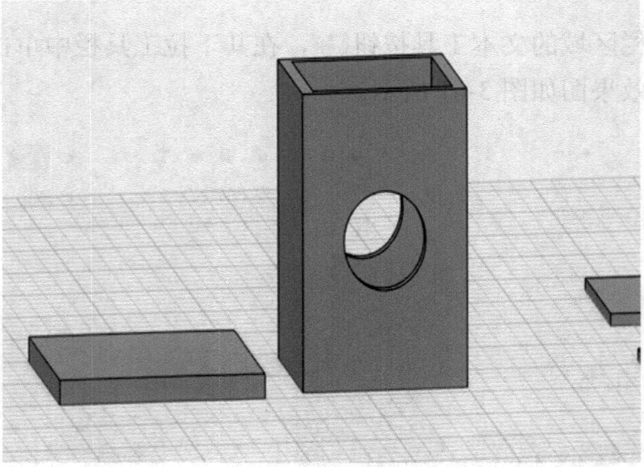

图 3-59　窗户的制作完成界面

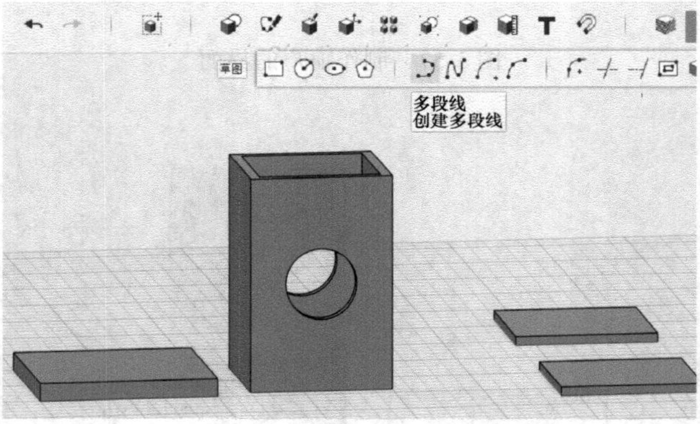

图 3-60　制作屋顶的界面

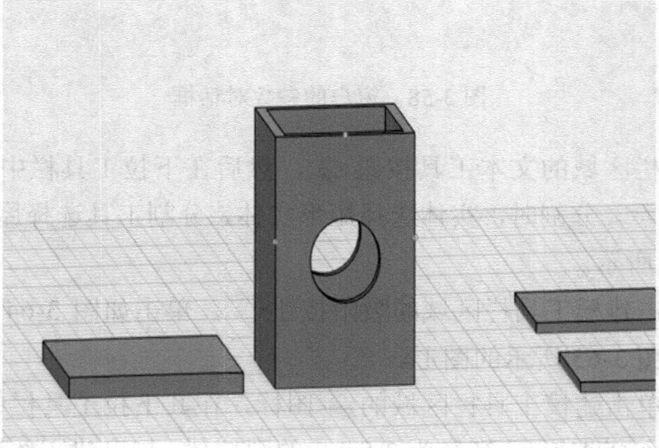

图 3-61　屋顶的草图绘制界面

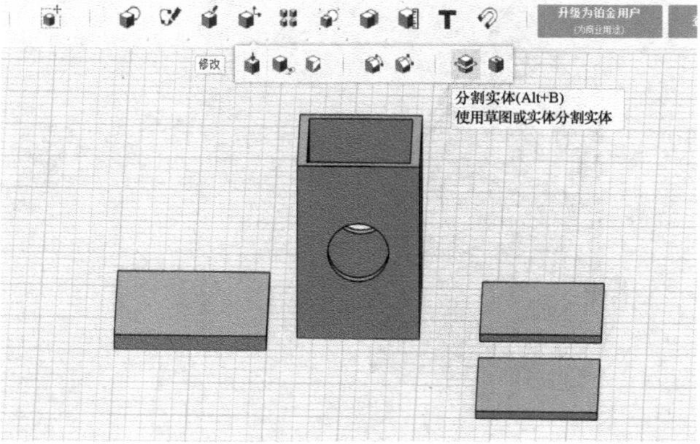

图 3-62　制作屋顶的分割界面

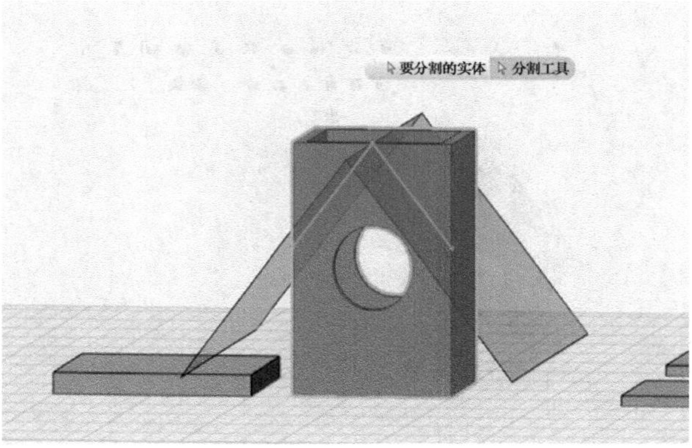

图 3-63　屋顶的分割操作界面

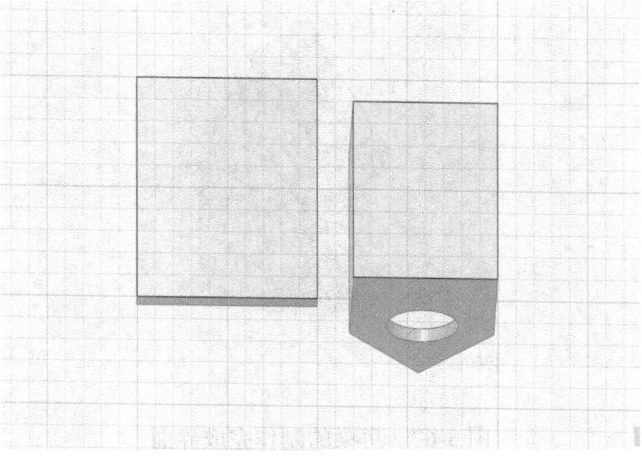

图 3-64　打牢地基的组合界面

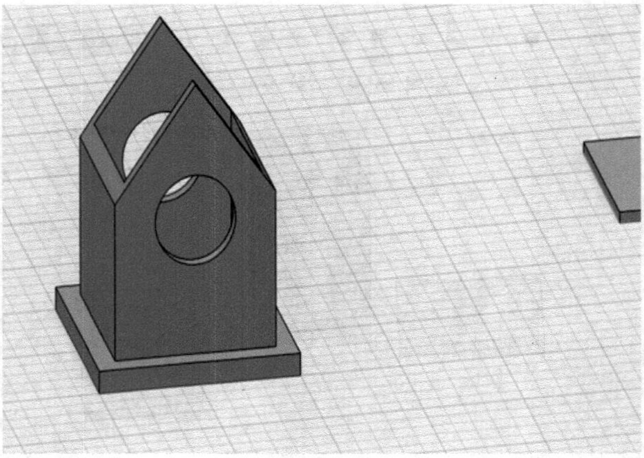

图 3-65　地基的组合界面

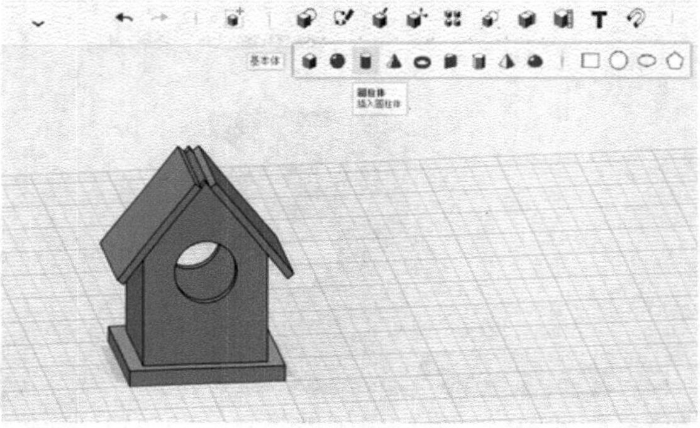

图 3-66　制作房梁的绘图界面

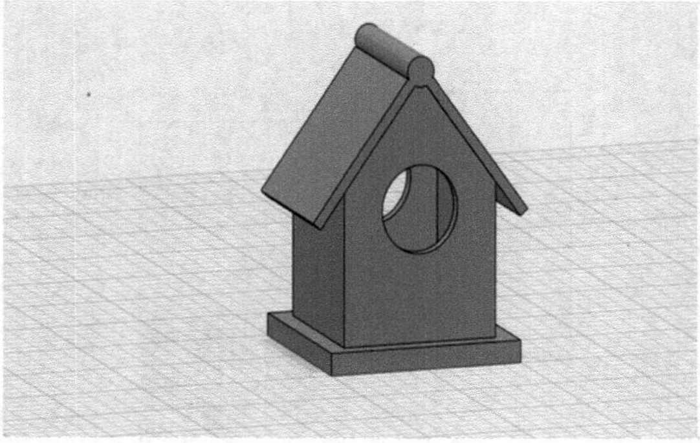

图 3-67　房梁的制作完成界面

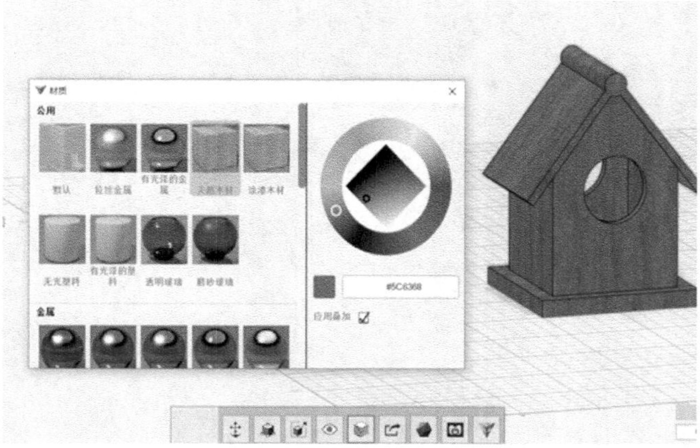

图 3-68　渲染的操作对话框

逆向工程（又称逆向技术），是一种产品设计技术再现过程，即对一项目标产品进行逆向分析及研究，从而演绎并得出该产品的处理流程、组织结构、功能特性及技术规格等设计要素，以制作出功能相近，但又不完全一样的产品。逆向工程源于商业及军事领域中的硬件分析。其主要目的是在不能轻易获得必要的生产信息的情况下，直接从成品分析，推导出产品的设计原理。

第4章

逆向工程与创新设计

◎**本章知识要点**

1. 什么是逆向工程？
2. 逆向工程设计要点。

◎**兴趣实践**

安排学生自己找一个复杂零件，具体实施。

◎**探索思考**

目前常用的逆向工程软件都有哪些？安排学生做相关网络调研。

逆向工程（又名反向工程，Reverse Engineering-RE）是对产品设计过程的一种描述。

在工程技术人员的一般概念中，产品设计过程是一个从设计到产品的过程，即设计人员首先在大脑中构思产品的外形、性能和大致的技术参数等，然后在详细设计阶段完成各类数据模型，最终将这个模型转入到研发流程中，完成产品的整个设计研发周期。这样的产品设计过程被称为“正向设计”过程。逆向工程产品设计可以认为是一个从产品到设计的过程。简单地说，逆向工程产品设计就是根据已经存在的产品，反向推出产品设计数据（包括各类设计图或数据模型）的过程。从这个意义上说，逆向工程在工业设计中的应用已经很久了。比如早期的船舶工业中常用的船体放样设计就是逆向工程的很好实例。

逆向工程的实施过程是多领域、多学科的协同过程，也是实现创新设计的又一方法。

4.1 逆向工程基本知识

为了适应市场需求，缩短产品开发周期，往往需要将实物或手工的模型转化为CAD数据，以便利用快速成行系统（Rapid Prototyping，RP），计算机辅助制造系统（Computer Aided Manufacture，CAM），产品数据管理系统（Product Data Management，PDM）等先进技术对其进行处理和管理，并进行进一步修改和再设计优化。

逆向工程（Reverse Engineering，RE）也称反求工程，就是对已有的产品零件或原型进行 CAD 模型重建，即对已有的零件或实物原型，利用三维数字化测量设备准确、快速地测量出实物表面的三维坐标点，并根据这些坐标点通过三维几何建模方法重建实物 CAD 模型的过程。广义的逆向工程指的是针对已有产品原型，消化吸收和挖掘蕴含其中的涉及产品设计、制造和管理等各方面的一系列分析方法、手段和技术的综合。它以产品原型、实物、软件（图样、程序、技术文件等）或影像（图片、照片等）等作为研究对象，应用系统工程学、产品设计方法学和计算机辅助技术的理论和方法，探索并掌握支持产品全生命周期设计、制造和管理的关键技术，进而开发同类的或更先进的产品。

随着计算机技术在制造领域的广泛应用，特别是数字化测量技术的迅猛发展，基于测量数据的产品造型技术成为逆向工程技术关注的主要对象。通过数字化测量设备，如坐标测量机、激光测量设备等，获取物体表面的空间数据，需要经过逆向工程技术的处理才能获得产品的数字模型，进而输送到 CAM 系统完成产品的制造。因此，逆向工程技术可狭义地定义为将产品原型转化为数字化模型的有关计算机辅助技术、数字化测量技术和几何模型重建技术的总称。

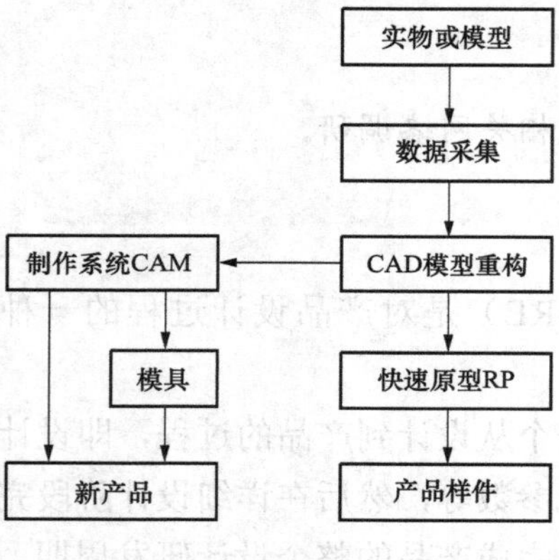

图 4-1 逆向工程一般流程

从图 4-1 所示的逆向工程一般流程图可以看出，逆向工程系统主要包括产品实物几何外形的数据采集技术，CAD 模型重建技术及产品或模具制造技术。实物几何外形的数据采集是通过特定的测量设备和测量方法获取零件表面离散的几何坐标数据。只有获得了零件表面的三维坐标信息，才能实现复杂曲面的建模，评价，改进，制造。目前，用来采集物体表面数据的测量设备和方法多种多样，其原理也各不相同。不同的测量方式，不但决定了测量本身的精度、速度和经济性，还造成了测量数据类型及后续处理方式的不同。三维数据的采集可分为接触式和非接触式两大类，接触式数据采集方法包括使用基于力触发原理的触发式数据采集和连续扫描数据采集，非接触式数据采集方法主要运用光学原理进行数据采集。

CAD 模型重建是根据数字化测量设备得到的数据点，构建实物对象的几何模型。根据实物外形的数字化信息，可以将测量得到的数据点分成两类：有序点和无序点，不同的数据类型，形成了不同的模型重建技术。目前较成熟的方法是通过重构外形曲面来实现实物重建。在目前逆向工程研究中，自由曲面建模手段分两大类：第一种是以三角 Bezier 曲面为基础的曲面构造法；第二种是以 NURBS（非均匀有理 B 样条）曲线、曲面为基础的矩形域参数曲面拟合方法。

在完成实物模型重建后，后续应用是利用快速原型技术来制造原型和模具，一方面为模型的修改和再设计提供实物样品，另一方面，对一些材料制造的零部件，还可以直接制造出产品的模具，因而避免了机械加工的长周期和复杂的工艺设计，为产品的快速开发和制造提供了有效的工具支持。

目前，逆向工程技术的应用主要有以下几个方面：

（1）无零件设计图纸逆向生成样件。在没有设计图纸或者设计图纸不完整的情况下，通过对零件原型进行测量，生成零件的设计图纸或 CAD 模型，并以此为依据产生数控加工的 NC 代码，加工复制出零件原型。

（2）以实验模型作为设计零件及反求其模具的依据。对通过实验测试才能定型的工件模型，也通常采用逆向工程的方法。比如航空航天领域，为了满足产品对空气动力学等的要求，首先要求在初始设计模型的基础上经过各种性能测试（如风洞实验等）建立符合要求的产品模型，这类零件一般具有复杂的自由曲面外形，最终的实验模型将成为设计这类零件及反求其模具的依据。

（3）美学设计领域。例如，汽车外形设计广泛采用真实比例的木制或泥塑模型来评估设计的美学效果。此外，如计算机仿形、礼品创意开发等都需要用逆向工程的设计方法。

4.2　基于 Imageware 的逆向工程设计要点

Imageware 是著名的逆向工程软件，被广泛应用于汽车制造、航空航天及家电、模具和计算机零部件设计领域。Imagewar 软件提供了逆向工程、A 级曲面设计和曲面评估的功能，具有强大的测量数据处理、曲面造型和误差检测的能力，可以处理几万至几百万的点云数据，其一般工作流程如图 4-2 所示。

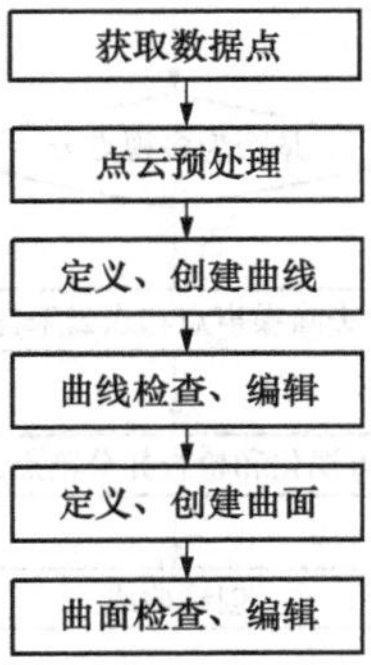

图 4-2　Imageware 软件一般工作流程

Imageware 提供独特、综合的自由曲面构造及检测工具，其特点是：能实现弹性的曲面创建；能实现动态的曲面修改；实现实时的曲面诊断；具有有效的曲面连续性管理工具；强大的处理扫描数据能力。

Imageware 包括以下几个主要模块：

（1）基础模块：文件存取，显示控制及数据结构；

（2）点处理模块：从测量设备读取点云，点云数据抽取达到要求的密度，使的点云整齐有序，分块/修剪点云等；

（3）曲线曲面模块：提供完整的曲线曲面建立和修改工具；

（4）多变造型模块；提供了处理任何大小的多边形模型的工具；

（5）检验模块：对测量数据和 CAD 数据进行对比检验；

（6）评估模块：定性和定量地评估模型的总体质量。

4.3 逆向工程设计要点

Imageware 处理数据的流程遵循点—曲线—曲面原则，流程简单清晰，软件易于使用。其设计要点总结如下：

1. 点云处理过程

为了更直观地观察点云，点云可以以离散点、三角网格、折线、平光着色和反光着色等模式显示。点云的处理过程包括多视点云的对齐、去除杂点和噪声点、数据精简及点云分块等内容。

点云对齐：将分离的点云对齐在一起(如果需要)。有时候由于零件形状复杂，一次扫描无法获得全部的数据，或是零件较大无法一次扫描完成，这就需要移动或旋转零件，这样会得到很多单独的点阵。Imageware 可以利用诸如圆柱面、球面、平面等特殊的点信息将点阵准确对齐。去除噪声点：由于受到测量工具及测量方式的限制，有时会出现一些噪声点，Imageware 有很多工具来对点阵进行判断并去掉噪声点，以保证结果的准确性。数据精简：激光扫描技术在准确、快速地获得数据方面有了很大的发展，激光扫描测量每分钟会产生成千上万个数据点、如何处理这样大批量的数据（点云），成为基于激光扫描测量造型的主要问题。实际上，并不是所有数据对模型的重建都有用，因此，有必要在保证一定准确度的前提下，减少数据点。点云分块：产品形面往往由多张曲面混合而成。点云数据分割是根据组成实物外形的曲面的子曲面类型，将属于同一子曲面类型的数据成组，将全部数据划分成代表不同曲面类型的数据域，为后续曲面模型的建立提供方便。点云处理一般流程如图 4-3 所示。

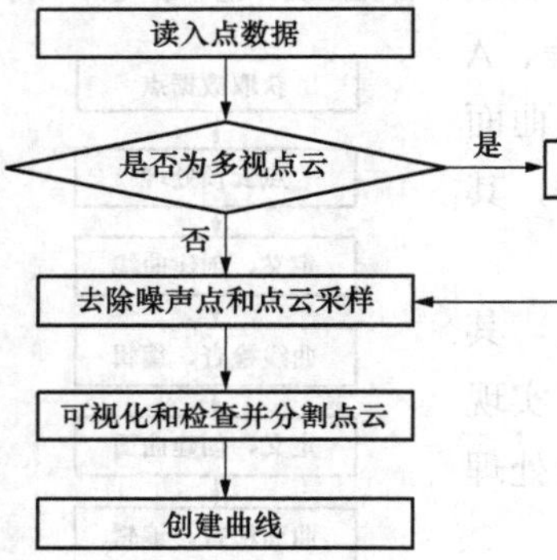

图 4-3　点云处理一般流程

2. 曲线处理过程

Imageware 软件的曲线包括：等参数化曲面曲线，曲面边界曲线，B 样条曲线，3D 自由形状拟合曲线，3D 拟合直线，3D 拟合圆等。曲线可以是准确通过点阵的插值曲线，也可以是很光顺的逼近曲线，或介于两者之间。

曲线构建：主要有拟合自由形状曲线、指定公差的拟合曲线 、基本曲线拟合、基于曲线创建曲线、基于曲面创建曲线等方式。编辑曲线：可以对已存在的曲线进行编辑和修改，如曲线的桥接、偏置、延伸、修剪及重新参数化等。分析曲线：可以通过曲线的曲率来判断曲线的光顺性；可以检查曲线与点阵的吻合性，测量曲线与点云之间的距离；还可以改变曲线与其他曲线的连续性(连接、相切、曲率连续)。Imageware 提供很多工具来调整和修改曲线。曲线创建一般流程如图 4-4 所示。

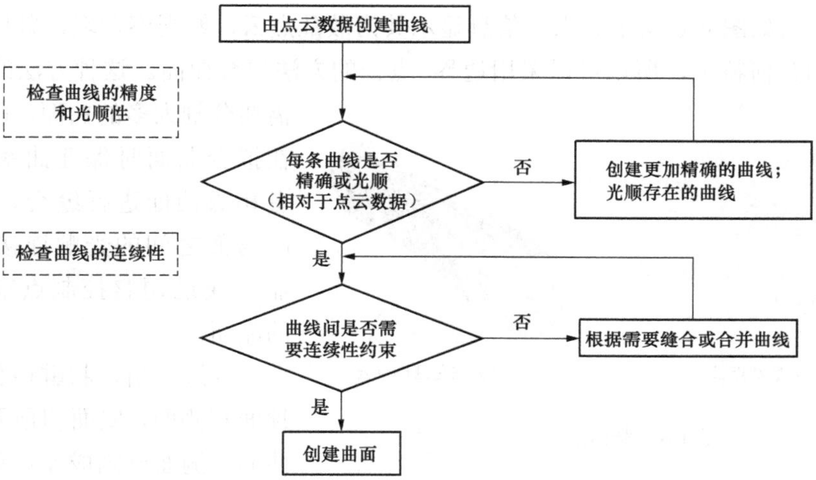

图 4-4　曲线处理一般流程

3. 曲面处理过程

生成曲面：Imageware 提供了多种曲面生成的方法，主要分为两大类：由点云拟合曲面和由曲线构建曲面。编辑曲面：可以对已存在的曲面进行编辑和修改，如曲面合并、延伸、修剪及重新参数化等。分析曲面：曲面的分析是比较关键的技术。Imageware 提供了比较丰富的曲面分析方法，可以比较曲面与点阵的吻合程度，检查曲面的光顺性及与其他曲面的连续性，同时可以进行修改，例如可以让曲面与点阵对齐，可以调整曲面的控制点让曲面更光顺，或对曲面进行重构等处理。 曲面处理一般流程如图 4-5 所示。

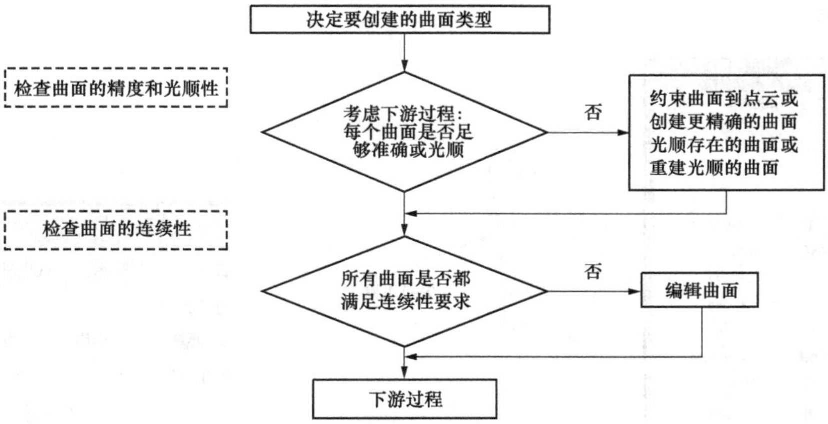

图 4-5　曲面处理流程

4.4　逆向工程创新设计案例

下面给大家介绍应用 Imagewar13.1 的案例——鞋楦由点云到曲面的重构过程。

鞋楦点云如图 4-6 所示。点云信息显示其为散乱点云，经观察发现，鞋楦无可用于分割曲面的几何特征，所以可以采用边界+点云的方法拟合曲面。这种方法的优点是不需要分割太多的曲面，同时，只要在拟合曲面时保证曲率连续，或者相邻曲面进行缝合，无须考虑面与面之间的光顺连接问题，但需要通过调整控制点来提高曲面的品质。

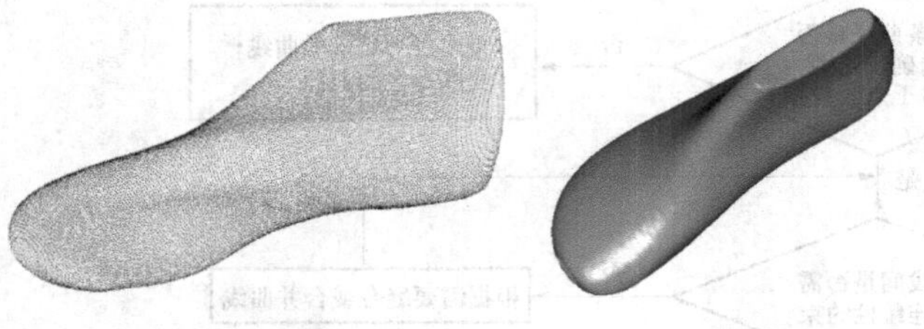

a）散乱点云　　b）三角网格点云

图 4-6　鞋楦点云

经过分析，将鞋楦分为底面、顶面和侧面，底面和顶面分别拟合曲面，侧面分割成 4 片点云，采用边界+点云的方法拟合曲面。主要的重构过程为：点云分割—边界提取—曲线拟合—曲面构建。

1. 底面的重构

根据点云曲率分布特点，取出曲率变化较大的范围，软件会根据此曲率分布，计算出尖锐边界位置的点云，再滤出尖角点云，以得到所需部位的点云。操作命令为构建—特征线—锐边，如图 4-7 所示。删除除底面轮廓点云以外的点，将轮廓点进行光顺处理，操作命令为修改—光顺处理—点云光顺。过滤类型若采用高斯滤波方式，与原来的形状最接近，若采用中间值方式，则去毛刺效果最好。尺寸滤波数值可以先尝试选择 3，逐步调整数值直到达到满意的效果即可单击“应用”，完成对点云的光顺处理，如图 4-8 所示。

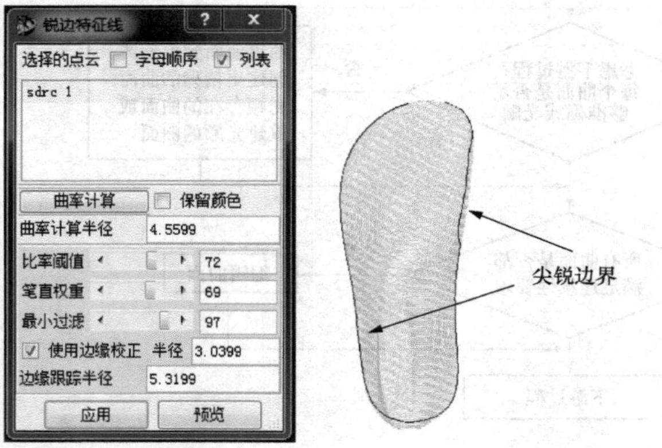

图 4-7　计算底面锐边点云

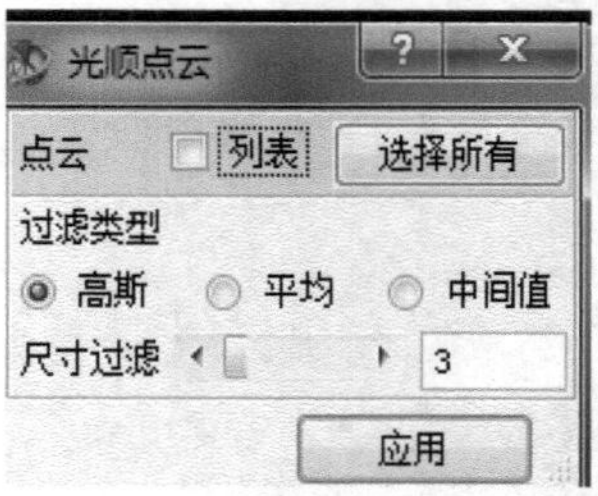

图 4-8　点云光顺

建构底部轮廓线的方式以均匀曲线或公差曲线较佳，因其可控制曲线的阶数和跨度的数量。可以选取计算偏差来查看生成曲线的误差情况，通过调整阶数改变误差。注意需选取封闭曲线选项，才能将曲线封闭。操作命令为构建—由点云构建曲线—均匀曲线或公差曲线，如图 4-9 所示。

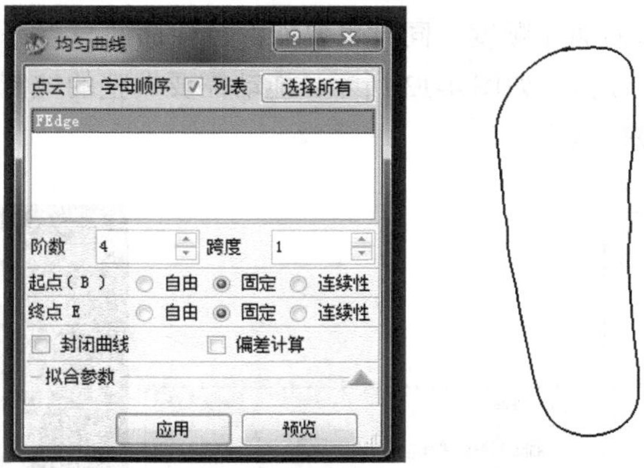

图 4-9　构建封闭曲线

接下来要取出底部的点云资料，可以直接用修改—抽取—圈选点命令来撷取底部点数据，或是利用上个步骤所求出的封闭曲线来取出底部点数据。如图 4-10 所示，是以封闭曲线取出曲线内部点云数据，操作命令为修改—抽取—抽取曲线内部点。

图 4-10　抽取底部点云

抽取曲线内部点云时，需注意点云的摆放位置。因封闭曲线仍然无法完全将底部与侧边数据分开，还须利用修改—抽取—圈选点和修改—扫描线—拾取删除点等操作命令，将底部数据撷取出来。此步较麻烦，需要反复进行，仔细检查，直到取得所需要的全部底面点云。

留下底部点数据，将其他数据先隐藏，直接依据底部点数据建构一个自由曲面。操作时自行判断曲面 U、V 所需控制点数量和跨度，太少会有较大误差，太多会造成调整上的困难。操作命令为构建—点云构建曲面—自由曲面。为了使底面曲面与原始点云的误差更便于调整。将曲面的每个方向延伸 3mm。操作命令为修改—延伸，如图 4-11 所示。

比较点云与曲面的误差量，操作命令为测量—曲面偏差—点云偏差，如图 4-12 所示。以自由曲面所建构出的曲面，通常控制点的排列方式不会很整齐，且由于点云形状的关系，某些位置控制点排列的方式不会平顺，这时仍然需要调整控制点的位置，使得控制点排列得更加平顺以确保曲面光顺度，同时也要能保持住曲面与点云的误差尽量小。调整控制点命令为修改—控制点，如图 4-13 所示。拖动需要调整的控制点，边调整边观察误差变化的情况，直到最佳状态。

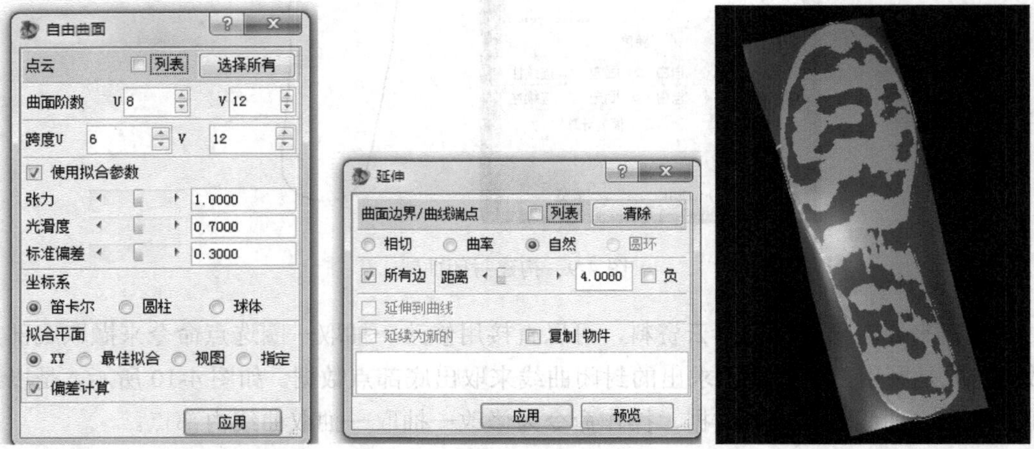

图 4-11　根据点云构建曲面

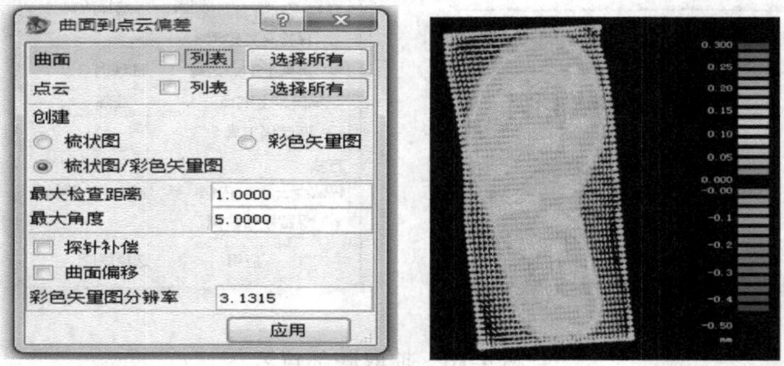

图 4-12　检查底面与原始点云误差

图 4-13　调整控制点

显示之前所建构之封闭 3D 轮廓线，将此 3D 曲线投影至曲面上，成为一条 2D 曲线，操作命令构建—2D 曲线—曲线投影到曲面，如图 4-14 所示。

利用投影的 2D 曲线修剪曲面，修剪操作命令修改—修剪—使用曲线修剪，注意把封闭曲线之外的曲面修剪掉，所以须选择外侧修剪，完成鞋楦底面曲面的制作，如图 4-15 所示。

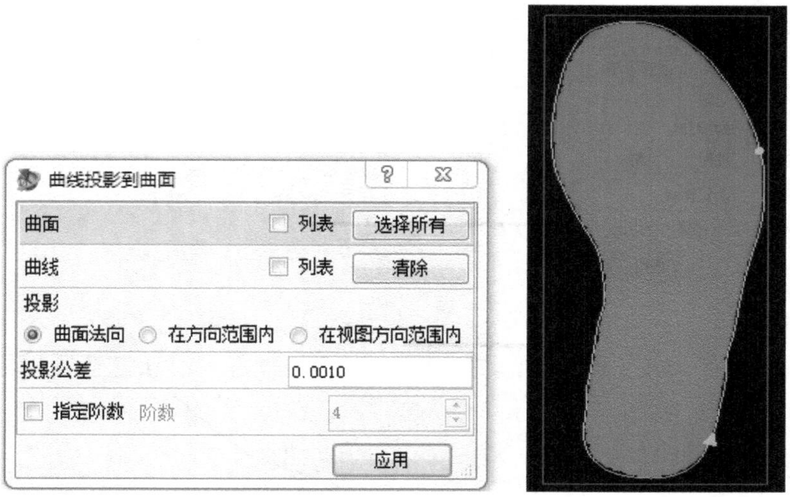

图 4-14　投影轮廓线到底面

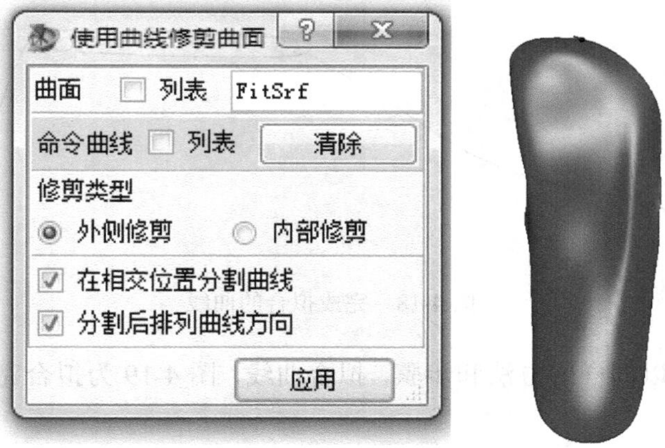

图 4-15　修剪后的曲面

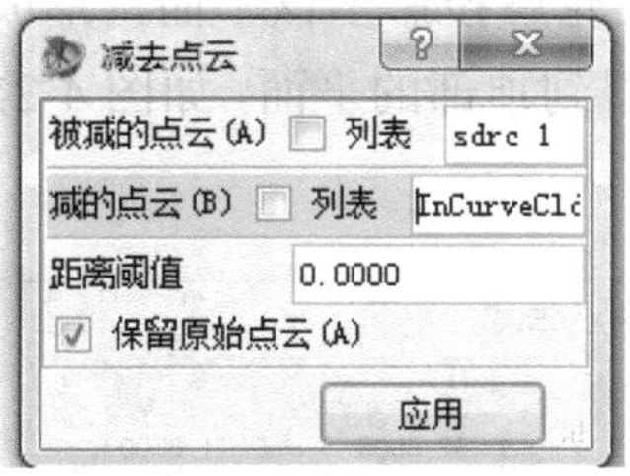

图 4-16　减去底部点云

2. 构建边界曲线

完成底面重构后，需要构建鞋楦侧面的曲面。这部分曲面，采用由边界+点云的方法拟合，所以，重点是找出拟合曲面所需的边界曲线。操作之前，可以通过操作命令修改—抽取—点云相减，去除底面点云，只保留上部分点云，如图 4-16 所示。

将鞋楦头转至正视图，依前掌形状，采用交互式方法切一断面，操作命令构建—剖面截取点云—交互式点云截面，鞋楦的顶部和后跟处，也使用此方法截取点云。如图 4-17 所示。

整理这些截面点云并拟合成自由曲线，注意取合理的控制点数量。图 4-18 为完成拟合的曲线。

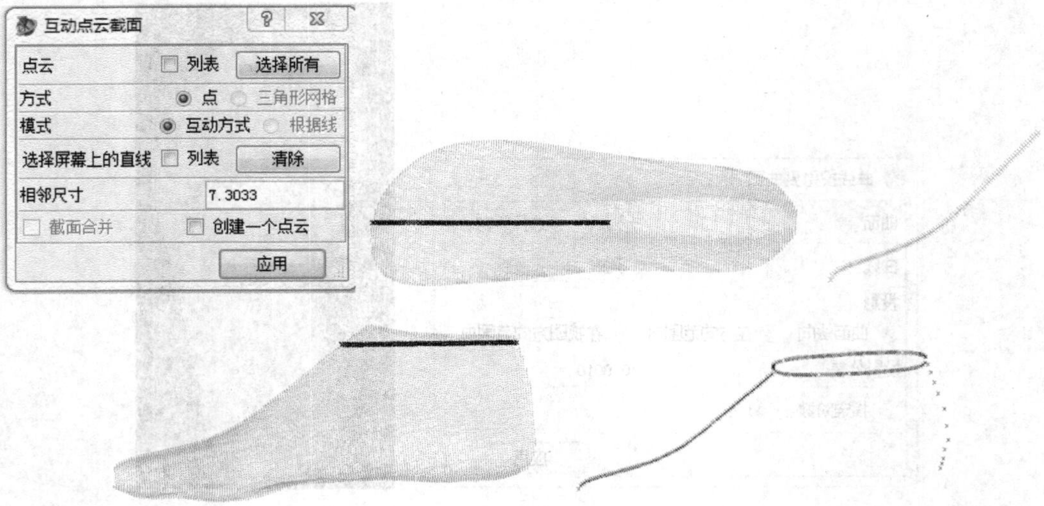

图 4-17　截取点云

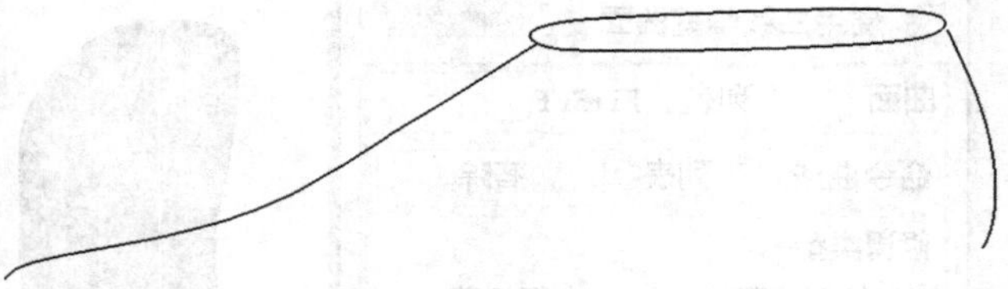

图 4-18　完成拟合的曲线

鞋楦两个侧面以同样的方法和步骤，拟合曲线，图 4-19 为拟合完成的各个区域的边界曲线。

将顶部点云拟合成平面，方法有多种，这里介绍点+平面法向的方法，用操作命令创建—平面—中心/法向。如图 4-20 所示，在顶部点云中取 1 个点，创建 1 个平面，并延伸至超出顶部点云范围。注意平面法向为 Y 方向。将顶部的轮廓投影至该平面，形成 2D 曲线，注意投影方向为平面法向。用投影曲线修剪平面，得到顶部的平面，如图 4-21 所示。

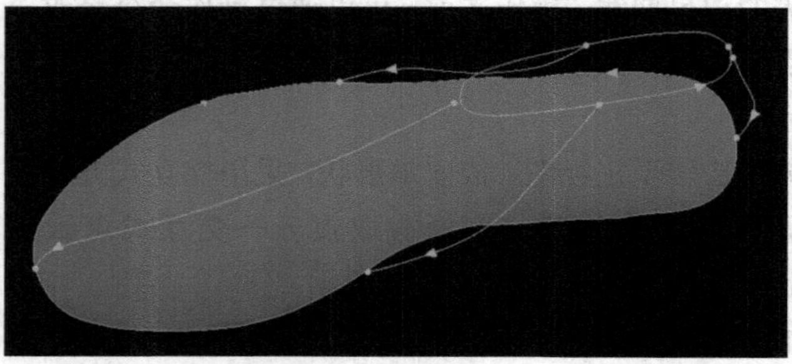

图 4-19　完成全部轮廓线

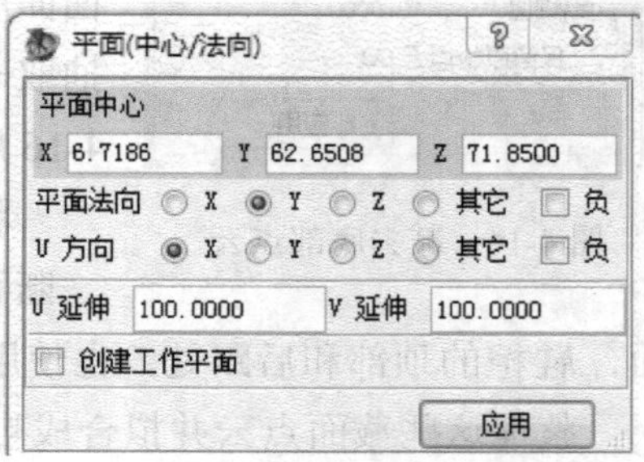

图 4-20　创建顶部平面

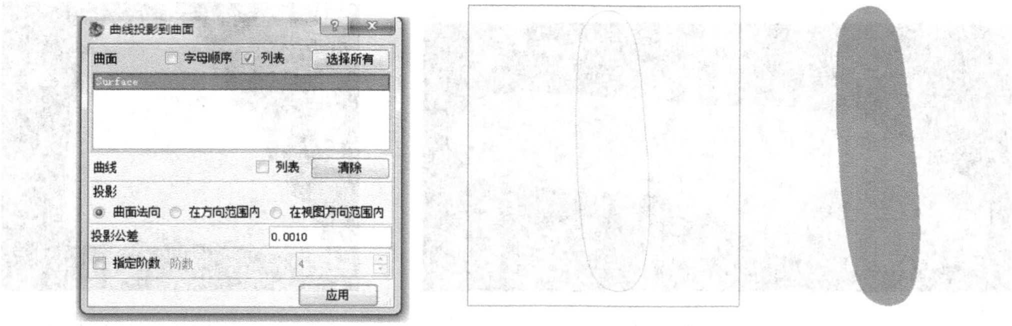

图 4-21　投影曲线并修剪平面

鞋楦头顶部与底部轮廓线为封闭的曲线，可以用侧边、前掌、后跟曲线的端点，来将这 2 条封闭曲线打断，操作命令修改—截断—截断曲线。如图 4-22 所示，为顶部打断的封闭曲线。

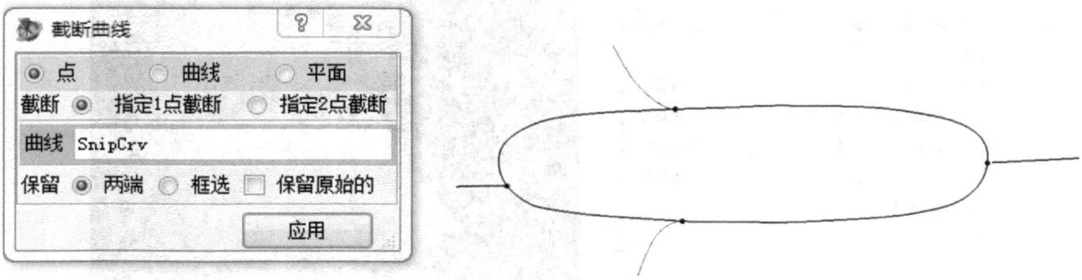

图 4-22　打断曲线

接下来需要对曲线进行缝合，形成封闭的边界。缝合时，底部与顶部的曲线端点不动，侧边的曲线移动，连续性的选择位置连续。操作命令修改—连续性—2 曲线缝合，如图 4-23 所示，完成缝合的边界曲线如图 4-24 所示。

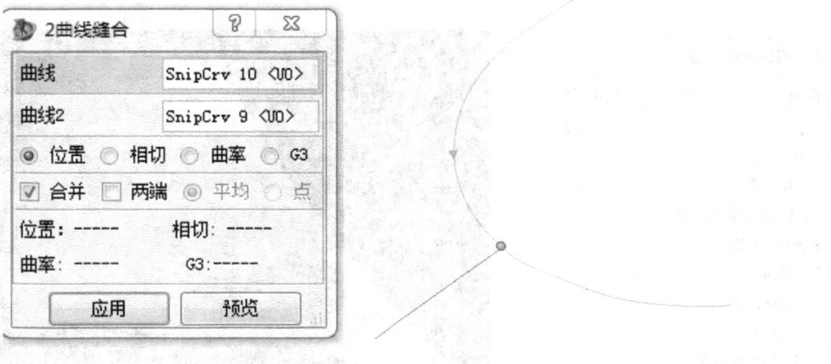

图 4-23　缝合曲线

以每四条边界为区域，取出范围之内的点云，如图 4-25 所示。

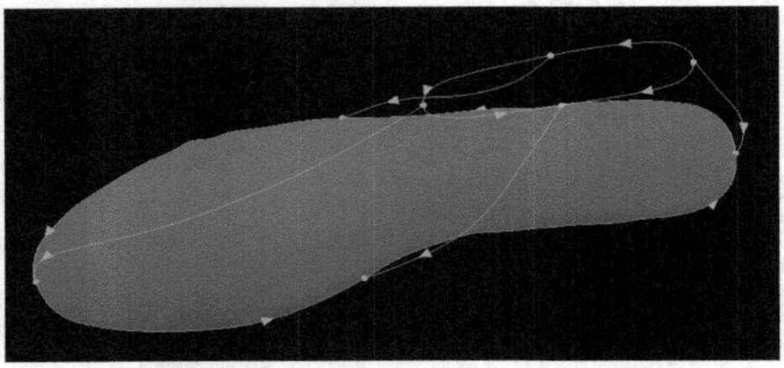

图 4-24　完成的边界曲线

图 4-25　用边界取出点云

构建曲面，可以采用仅用边界拟合曲面的方法，但为了提高精度，减小误差，本例采用边界加点云的方法拟合。将范围内的点云与其四条边界线取出，用操作命令构建—曲面—依据点云和曲线拟合，将曲面建构出来。为避免系统自行产生过多的控制点，建议自行指定适当的跨度，同时也可设定曲面光顺处理数值，如图 4-26 所示。

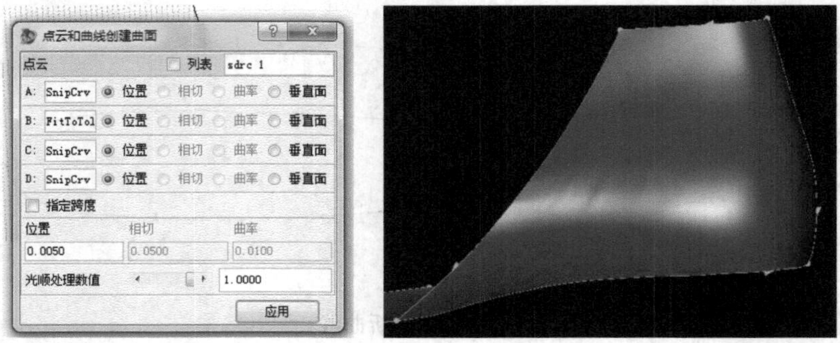

图 4-26　拟合曲面

建构完成后的曲面可以与原始点云进行误差比较，若误差量过大，则需要重新建构此曲面，也就是增加控制点使得曲面更加逼近点云。操作命令测量—曲面偏差—点云偏差，如图 4-27 所示。

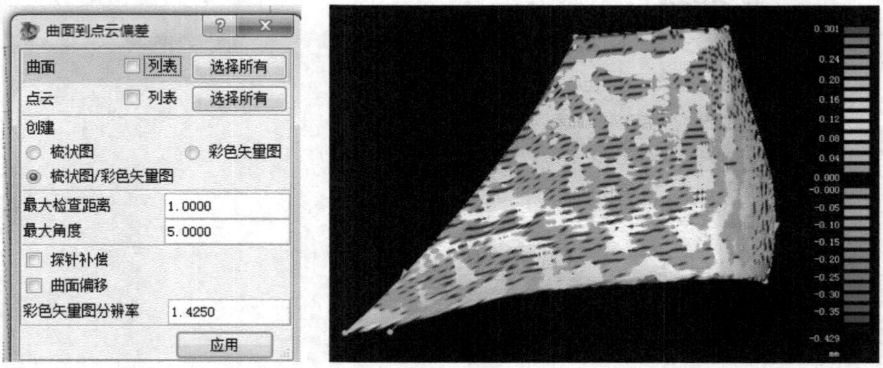

图 4-27　曲面与点云偏差

用同样的方法和步骤，依次建构其他三个曲面。

3. 曲面后期处理

单个曲面构建完成后，曲面与曲面之间需要通过缝合进行连续性处理。缝合时若得到的结果不是很满意，则需要去调整其曲面边界附近的控制点直到连续性结果可以达到要求，一般至少要做到曲率连续或相切连续，着色后曲面边界外才不会有痕迹，如图 4-28 所示。

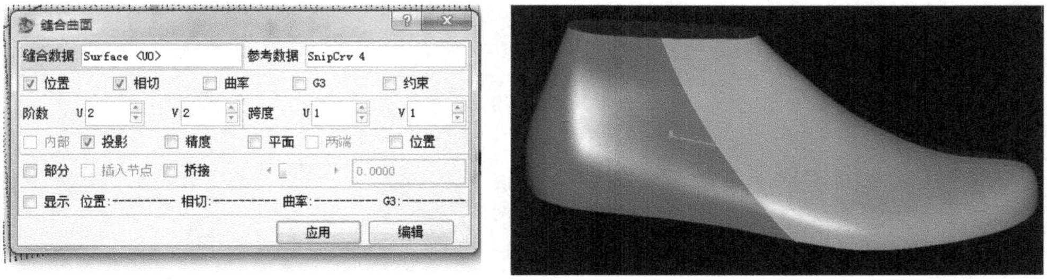

图 4-28　曲面缝合

所有曲面完成后，要对完整的曲面和原始点云进行误差检查，图 4-29 为最终完成的曲面。后续如果需要通过 3D 打印制造样品，可在文件输出格式中选用.stl 即可。

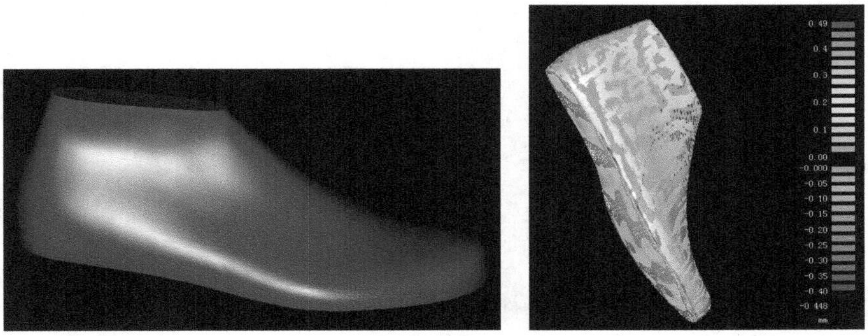

图 4-29　完成的曲面及误差分析

3D 打印机是将三维数字模型制作成三维实物的设备，本质上是一台自动化的数控设备。从结构原理以及成型原理上来说，3D 打印机可以分为很多种类型。3D 打印机使用起来非常简单，第一步是通过上位机软件对三维数字模型进行切片处理，这一步的主要作用是将三维数字模型转化成驱动 3D 打印机运动的数控代码；第二步 3D 打印机的控制器逐行读取上述的数控代码，不需要人为干预地完成打印过程。

第 5 章

3D 打印“DIY”制作

◎**本章知识要点**

1. 什么是 DIY？
2. 3D 打印 DIY 制作要点。

◎**兴趣实践**

安排学生自己找一个复杂零件，具体实施。

◎**探索思考**

目前常用的切片软件都有那些？安排学生做一下网络调研，具体下载安装一种。

一般来说，要完成一个 3D 打印“DIY”制作过程，需要五个步骤：

第一步：准备三维数字模型。

就像打印文本文档一样，必须在 Word 软件或其他办公软件中写好相应的内容。3D 打印的数据源是三维数字模型，因此 3D 打印的第一步是准备三维数字模型。

第二步：导出 STL 格式文件。

STL（Standard Tessellation Language）意思是一种标准镶嵌语言，它是 3D 打印世界里的通用文件格式，几乎所有的 3D 打印机上位机控制软件都能够读取它。因此，需要将准备好的各种格式的三维数字模型转化成 STL 格式文件供 3D 打印机读取。

第三步：切片处理。

3D 打印机控制软件读入准备好的 STL 格式三维模型后，可以直观地显示出来。使用者可以根据 3D 打印机的工作行程和结构，对模型进一步进行操作，比如放大、缩小、切割、复制、旋转等。对模型操作结束后，还不能立即打印，需要对模型切片处理。前面讲过，3D 打印的基本原理是逐层累加，所以切片的第一个内容是要对模型进行分层离散处理。分层后，打印喷头如何填充每一层，还需要确定填充形状及填充率。此外，对于有些模型为了防止新的一层在固化好的一层上叠加时出现“塌漏”现象，还需要合理的设置支撑。

上述工作做好后，单击“切片”按钮，经过切片软件的处理后，STL 数字模型就转化了驱动 3D 打印机运动和进给的数控程序。

第四步：打印制作。

单击“开始打印”操作按钮，3D 打印机就开始打印模型了，这个过程是 3D 打印机的控制器逐行读取上一步得到的数控程序，驱动打印机工作，基本不需要人工干预。打印工作结束后，将三维实物从打印平台上取下来。假如有支撑材料的话，需要用辅助工具将支撑材料去除。假如想使模型更加光鲜亮丽，还可以进行打磨、抛光、上色等处理。

第五步：应用、展示和分享。

完成上述工作后，当然就要充分展示和发挥打印成果的价值了。首先，要根据预设的功能目标将其应用到预定的场景中。其次，可以将自己的打印成果通过微信、QQ、社区等平台展示给周围的朋友和全世界的人。最后，鼓励将自己的制作经验、心得体会，乃至原创模型等分享给他人。

之前的章节，已经了解了前两个步骤，本章将重点讲解第三和第四步。

5.1 切片技术的基本知识

切片技术是 3D 打印技术的核心技术之一，它的主要功能是将一体化的三维数字模型，按一定高度“分层离散”为打印喷头的运动路径，生成驱动 3D 打印机运动数控程序的过程。如图 5-1 所示，3D 模型的切片过程类似用菜刀将土豆切成片、切成丝的过程，需要考虑以下问题。

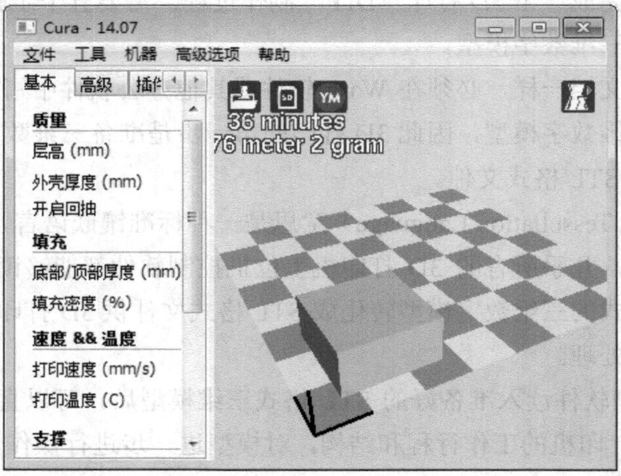

图 5-1 切片处理

首先，要控制好每一层的厚度，即层高。最大层高不能大于 3D 打印机的喷嘴直径。层高的大小影响打印物体的表面质量，影响各层之间的黏结强度，一般选用厂家设定好的默认值。

其次，还要根据模型是否有材料悬空情况，合理设置支撑结构。支撑结构可以增加模型的稳定性，防止材料悬落。对于单喷头的 3D 打印机支撑材料和打印材料是同样的材料，打印后不易去除。对于多喷头 3D 打印机来说，支撑材料一般是水溶性或碱溶性材料，比较易于去除。

第三，根据模型和打印平台的接触情况，确定是否进行底面结合。底面结合能够增大模型和打印平台的接触强度，防止翘边，还可以防止打印过程中模型和打印平台之间松脱。一般是当模型和打印平台接触面积较小的时候才进行底面结合设置。

第四，要确定填充密度和填充形状。填充密度越大，模型的耗材量越大，打印时间就越久，模型的强度就越好。一般要根据模型的用途，合理确定填充密度。填充密度为0%时，模型就是绝对空心的。一般情况下，模型的填充密度设定为 30%为宜，不宜超过50%。对于受力比较大的承重模型，可以适当增加填充密度。

除了上述问题以外，切片处理时还要合理确定模型的摆放姿态。模型在打印平台上的摆放姿态是影响打印质量的关键因素。在调整模型摆放姿态时，尽量遵循以下原则：材料悬垂越少越好，这样可以尽可能地减少支撑结构；模型的重心位置越低越好，这样打印过程中能够保证物体的平衡和稳定；结构强度比较弱的方向一般不宜作为分层的方向。如图 5-2 所示，小机器人模型站立姿态摆放比俯卧姿态摆放要好。支架模型横放要比竖放姿态要好。

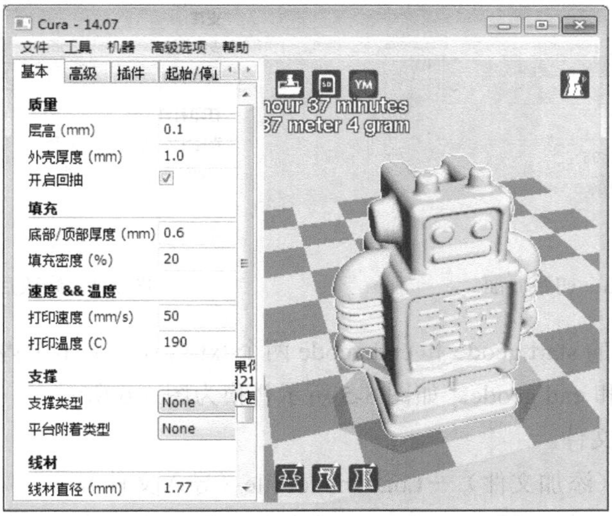

图 5-2　模型摆放姿态

5.2　切　片　软　件

为了方便大家学习，下面详细介绍几款切片软件的具体使用方法。

5.2.1　CURA 切片软件

每个 3D 打印件均以 3D 模型开始。如果已设计 3D 模型，需要以 STL 格式将其从 3D 建模应用程序中导出。如果没有 3D 模型，可通过各大网站及论坛下载任意一个模型。

步骤一：安装 Cura 软件。

Cura 软件是开源软件，用户可以到网上先下载 Cura 软件的安装程序，双击安装程序按引导直接安装，根据引导选择 next—其他机型—next—Custom-next，机型名称填写任意您能记住的名字，XYZ 分别填写“130 130 160”，喷嘴孔径填写 0.4mm（此处以模组化 3D 打印机为例），然后单击 Finish。进入软件后，请将下面图 5-3 内的数据更改为图 5-4 内的数据。

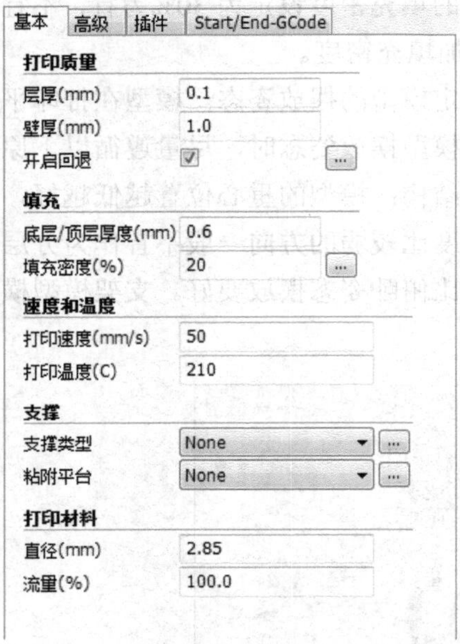

图 5-3　初始界面

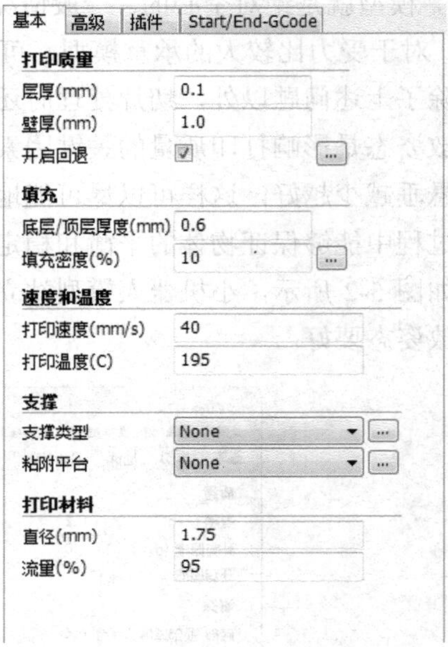

图 5-4　修改后的界面

将 U 盘内存储的 start.gcode 和 end.gcode 两个 txt 格式的文本中内容分别对应替换软件内的 start.gcode 和 end.gcode。如图 5-5 所示替换为图 5-6 所示。

步骤二：添加文件。

（1）单击 File（添加文件）—Load model file（导入文件）。

（2）选择导入文件，并导航这个 STL 文件的位置，就可以向打印托盘中添加一个模型。也可以将 STL 文件直接选中拖入已打开的 Cura 软件内，可快速实现载入文件。

（3）可重复添加 STL 格式的不同模型，也可右键单击已导入的模型，选择第三个选项 Multiply object，并填写要复制的个数。

步骤三：放置模型。

单击模型，左下角会出现三个选项：

（1）单击左边图标，围绕模型出现可移动方向轨迹，延轨迹方向移动模型直至水平放置。

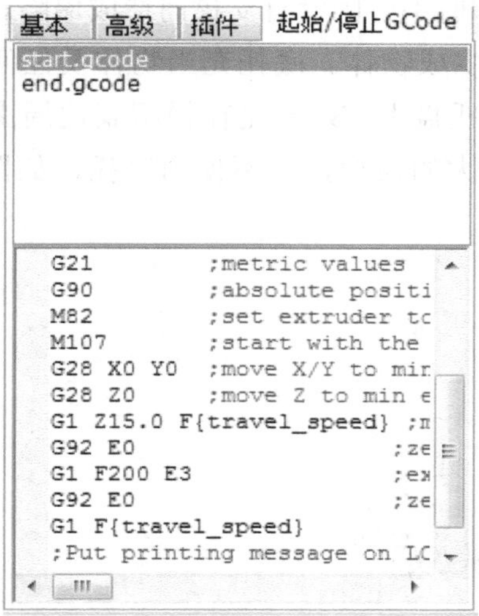

图 5-5　替换前

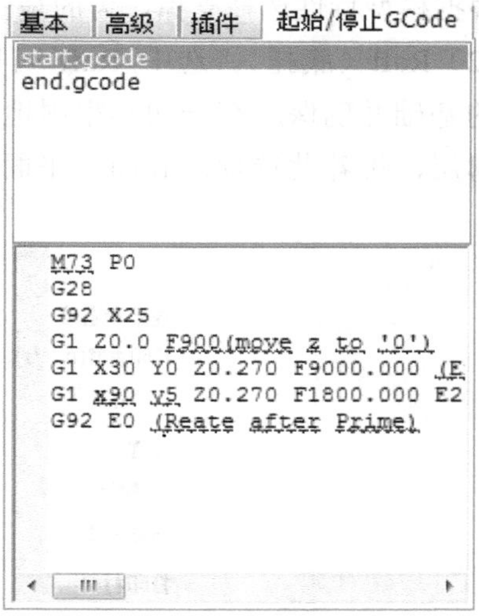

图 5-6　替换后

（2）单击中间图标，上方显示为可按比例调整大小，下方显示当前模型 XYZ 参数，锁样标识为解锁，是否按同比例调整。

（3）单击右边图标，三个选项分别为可按照 XYZ 方向镜像该模型。

步骤四：保存文件。

保存文件，另存为至 U 盘。

（1）单击 File（文件）—Save gcode（另存为 gcode 文件）。

（2）导航至 U 盘内，命名保存，请勿用中文命名打印文件，否则屏幕显示将会乱码。

步骤五：设置打印参数。

用户可以在其中指定影响打印物体质量的选项，比如打印速度和模型层厚。要使用以前指定的设置进行打印，请跳过此步骤并直接进行另存为保存并打印。

（1）Supports（支撑）。选中此复选框可以使打印的物体具有支撑结构。

Touching buildplate 是指从平面到物体悬空面较大时生成支撑。Everywhere 是指在任何无支撑可能造成塌陷及镂空部位生成支撑，如图 5-7 所示。

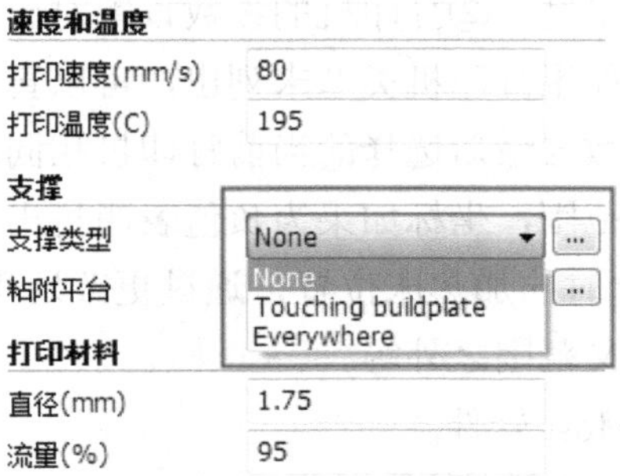

图 5-7　Supports 设置

根据模型特性选择支撑，为的是保证模型打印时不会因没有支撑而造成塌陷。

（2）Raft（底托）。选中 Raft 可以在底托上生成物体。底托充当物体及任何支撑结构的基础并确保所有一切都牢固地黏附到打印托盘上。Brim 是在模型底边周围打印数圈薄层，推荐此选项。底面与平面接触面积较大的模型，可不使用底托，如图 5-8 所示。

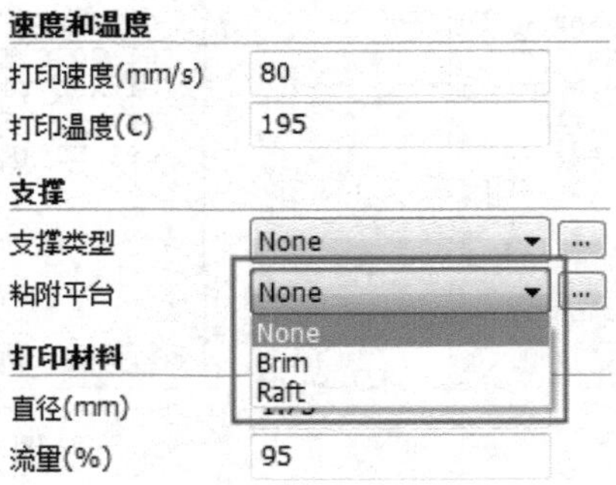

图 5-8　Raft 设置

警示：请在导入模型后，将模型通过轨迹调整水平向下放置，否则会造成模型打印失败。

5.2.2　Repetier-Host 切片软件

Repetier-Host 是 Repetier 公司开发的一款免费的 3D 打印上位机软件系统，可以进行切片、查看修改数控代码、手动控制 3D 打印机、更改某些固件参数以及其他的一些辅助功能。Repetier 公司并不提供切片引擎，而是在该软件中外部调用其他的切片软件进行切片，比如 Cura Engine、Slic3r 及 Skeinforge 等切片软件。

Repetier-Host 是一款操作简单，将生成 Gcode 以及打印机操作界面集成到一起的软件，另外可以通过调用外部生成 Gcode 的配置文件，很适合初学者使用，尤其是手动控制的操作界面，用户可以很方便的实时控制打印机。

这款软件的功能特点：①能预测打印花费时间，手动控制打印头移动速度倍率，风扇速度及热床温度、挤出头温度。②打印机的参数设置对应于可选择的打印机，已经列出的打印机可以直接选择，如果打印机类型未列出，可以直接输入新名称生成新的打印机配置，新打印机的初始参数与最后选择的当前打印机相同。③打印机形状的最小最大值定义了挤出头可以移动的范围，坐标如果为负值表明挤出头超出了热床的范围，热床的左/前坐标定义了打印开始时的加热床位置，通过更改这里的最大/最小值如果固件支持可以移动挤出头到固件定义范围之外等。

步骤一：安装 Repetier-Host 软件。

在网上下载 Repetier-Host 软件安装程序，点击安装即可。

安装完 Repetier-Host 并启动之后，可以看见如图 5-9 所示的界面。

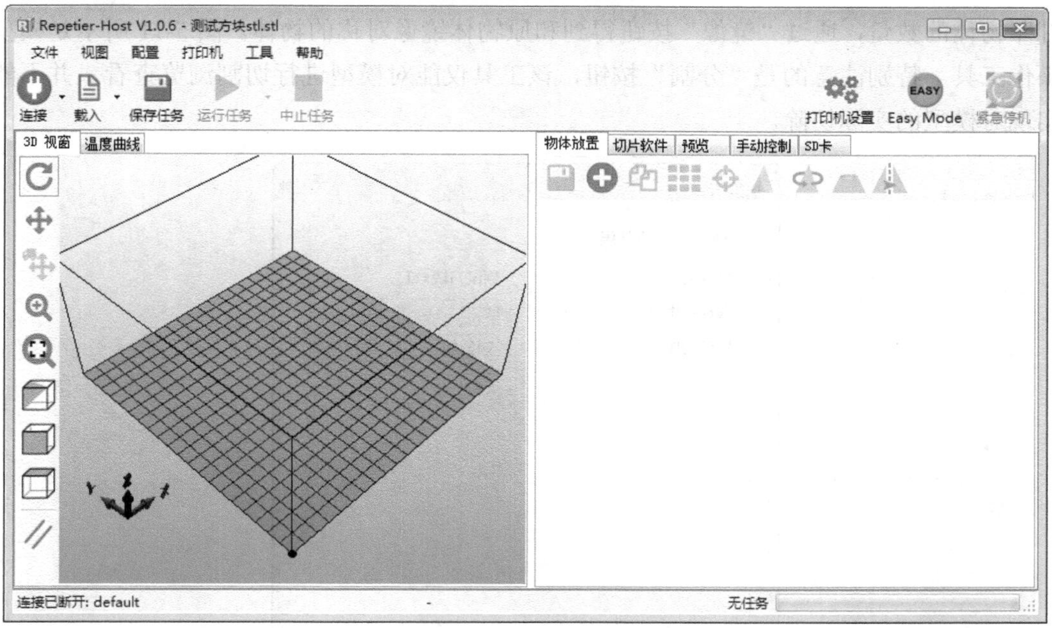

图 5-9 Repetier-Host 主界面

软件最上方是两行菜单栏，中间部分分为两个区域，左半边是主视窗，右半边是副视窗，下方是信息记录栏。

各个功能区主要功能：

（1）菜单：包括打开文件、物体视图、连接打印机、打开小窗口等。

（2）信息记录：显示发送到打印机中的命令及错误记录。

（3）主视窗：3D 物体显示和温度曲线记录。

（4）副视窗：物体放置、切片软件、打印预览、手动控制、SD 卡等。

单击“连接”按键连接打印机，如果电脑上记录了多个打印机配置，点击旁边的 ▾ 按钮选择联入电脑的打印机，当“连接”按钮变为绿色时说明连接 3D 打印机成功。

步骤二：模型导入及操作。

单击菜单栏中的“载入模型”按钮或点击右侧副窗口中的+增加模型按钮，都会弹出点选模型的对话框，在电脑中找到存放模型的路径即可以将模型加载到主视窗口中。模型加载完成后，会在副窗口中增加对应的信息目录，点击 ⚙ 按钮会弹出“模型信息”对话框。

如图 5-10 所示，可以从模型信息对话框中查询到模型的点、线、面数量信息和模型的体积、表面积、尺寸信息。这些信息对于评估模型是否能够适应切片算法、是否在打印机的工作范围内以及评估打印时间和耗材，都有重要参考价值。

查询模型信息后，可以通过副窗口的有关操作按钮对模型进一步调整，例如通过“旋转”按钮调整其摆放姿态，通过“缩放”按钮调整模型的大小，通过“复制”按钮调整打印物体的数量，通过“镜像”按钮得到和原物体镜像对称的物体。图 5-11 所示是模型操作工具。特别注意的是“分割”按钮，该工具仅能对模型进行切割浏览查看，并不能实现对模型的实际切除。

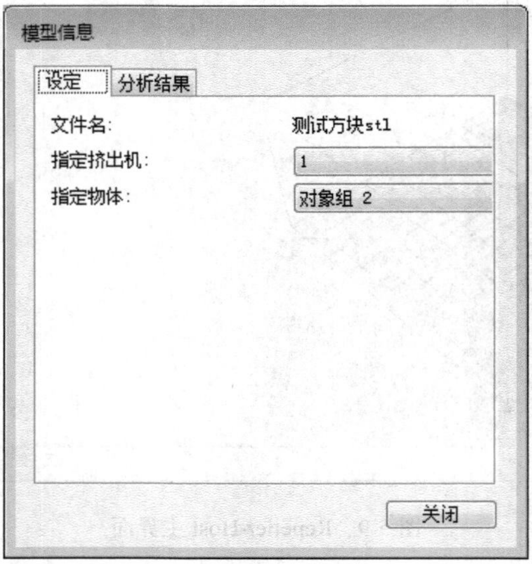

图 5-10　模型信息查询

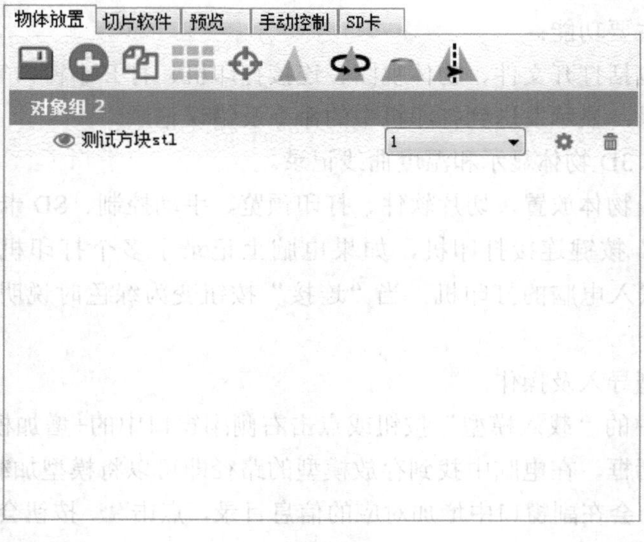

图 5-11　模型操作工具

步骤三：切片处理及打印。

模型操作调整好后，点击副窗口中的“切片软件”切换为切片操作副窗口，切片参数设置如图 5-12 所示。根据切片处理思路，模型特点，设置好底面结合、切片层高、支撑类型、打印速度、填充密度等参数类型，再单击“开始切片”按钮，切边软件就开始将三维数字模型转化为数程序。这个过程所需要的时间取决于模型大小、复杂程度、切片参数以及计算机硬件性能等因素。

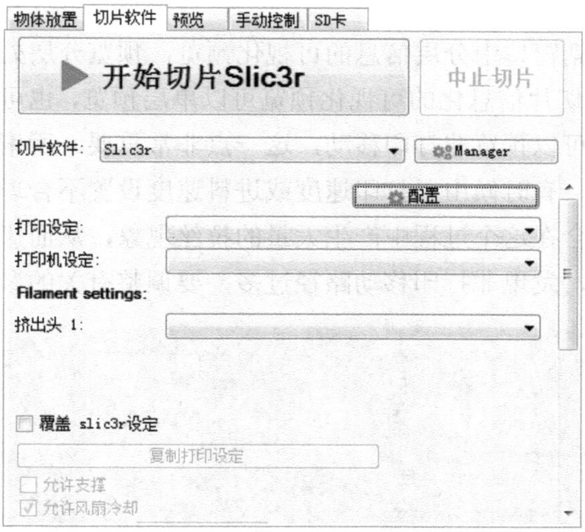

图 5-12　切片参数设置

有些情况下可能需要较长的时间，需要耐心等待。需要特别记住的是，不同的设置会出现不同的数控代码，所以每次修改有关的切片参数之后，都需要重新切片，否则点击“打印”按钮时，运行的还是原来的数控代码。

切片完成后，软件会自动切换打印预览“Print Preview”副窗口，在这里可以看到预计打印时间、打印层数、数控程序行数、所需材料长度等信息，如图 5-13 所示。在模型底面周围有一圈切片路径，它被称作裙边。

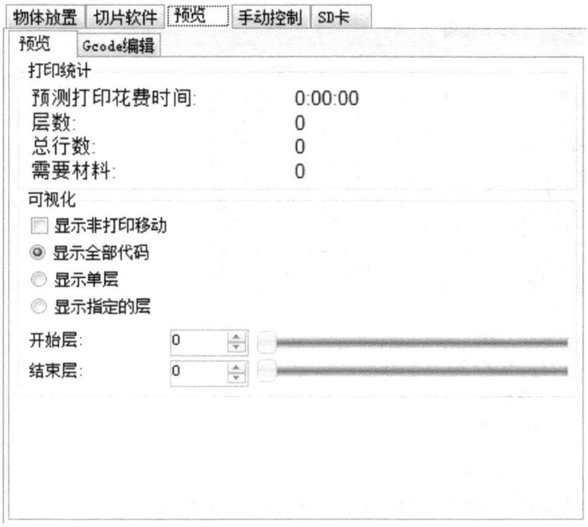

图 5-13　切片统计信息的预览

裙边是指在正式打印模型之前，打印喷头在模型周围所做的预打印，主要目的是保证挤出机正常出丝，同时留出时间便于及早发现平台不平、平台高度不合理、喷头堵塞等问题。

进一步可以通过副窗口中分层信息的可视化预览，预览分层处理结果。

如图 5-14 所示，切片信息化的可视化预览可以单层预览，也可以指定开始层和结束层进行预览。此外还可以预览非打印移动，这一点非常重要。所谓非打印移动是指喷头在移动而不挤丝进料，有时候由于打印速度或进料速度设置不合理或者由于切边路径算法设置不合理，可能会在这个过程中产生大量的拉丝现象，从而影响打印物体的表面质量。因此若通过预览，发现非打印移动路径过多，要调整有关的参数，重新切片处理。

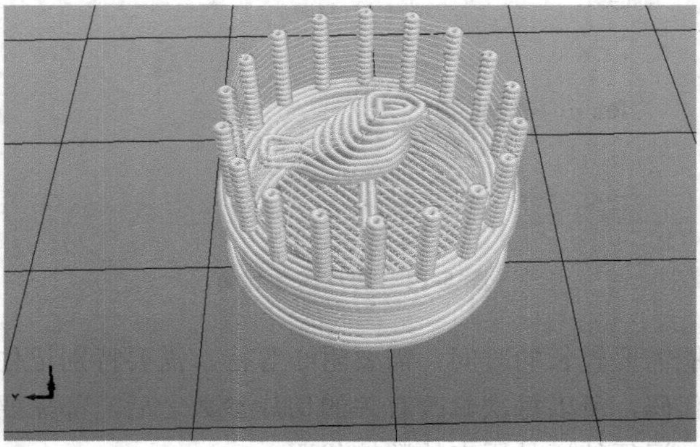

图 5-14　切片信息的可视化预览

还可以单击预览旁边的 Gcode 编辑按钮，这样经过切片处理得到的神秘数控程序就显露真容了，一行一行的指令都有明确的含义，如图 5-15 所示。

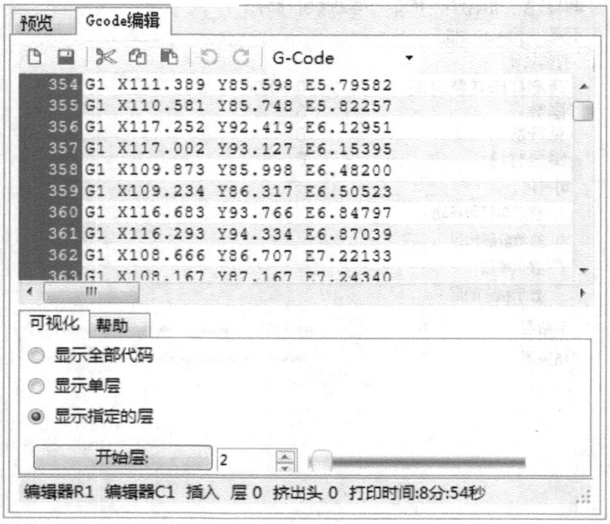

图 5-15　打印数控程序

若经过预览，没有发现问题，便可以单击 Print 按钮或单击“运行任务”按钮，打印机就开始一行一行读取上述数控程序开始工作了。但是打印机不会立马运动起来，因为它在进行加热，当打印机热床、挤出头均加热到预定温度后，打印机就会按部就班地运动了。

3D 打印机工作过程中，若出现了意外情况，比如断料、错层等，可以点击“紧急停机”按钮或“停止任务”按钮，停止打印工作。若在打印工作过程中，需要暂停打印，来完成换料、测量等工作，可以点击“暂停任务”按钮，等插入工作完成后，再点击“继续打印”按钮就可以了。

此外，打印过程中，Repetier-Host 软件副窗口中还有一个“手动控制”窗口，它的作用也非常大。打印过程中，可以在这里调节打印速度倍率、进料速度倍率等参数，但因为会影响打印质量，一般不建议调节。手动控制窗口上的指令发送、复位操作、点动操作、运行信息等对于 3D 打印机的初始调试和工作状态监测具有重要作用，手动控制界面如图 5-16 所示。

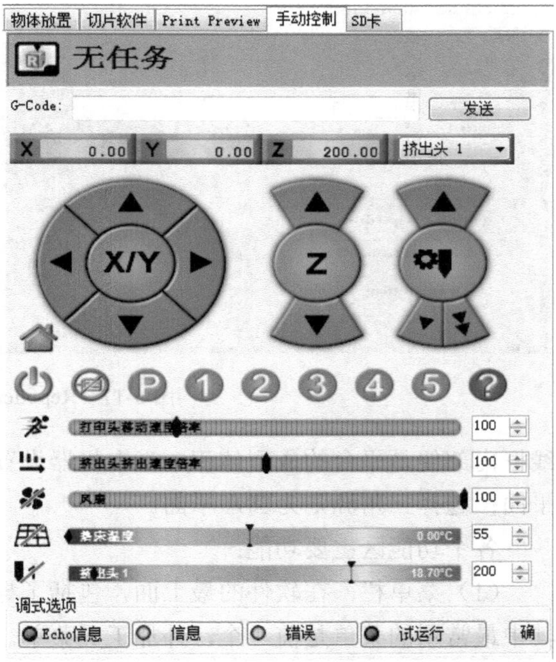

图 5-16　手动控制界面

5.2.3　Simplify3D 切片软件

Simplify3D 是德国 3D 打印公司 GermanRepRap 推出的一款全功能（All-in-One）3D 打印软件，其功能非常强大，可自由添加支撑，支持双色打印和多模型打印，预览打印过程，切片速度极快，附带多种填充图案，参数设置详细，几乎支持市面上所有 3D 打印机。Simplify 最有特色的功能是多模型打印，它能在同一个打印床上同时打印多个模型，且每个模型都有一套独立的打印参数。此功能对双色打印和提高打印效率非常有帮助。Simplify3D 支持导入不同类型的文件，可缩放 3D 模型、修复模型代码、创建 G 代码并管理 3D 打印过程。

步骤一：安装 Simplify3D 软件。

加载 Simplify3D 软件安装程序，点击安装即可。

安装完 Simplify3D 并启动之后，可以看见如图 5-17 所示的界面。

软件打开后进入的就是主界面。界面正中是打印平台，最上面是菜单栏，右侧是工具栏，左上是模型列表，左下是打印参数列表和切片预览按钮。一般情况下，软件中显示的打印平台是一个矩形或圆形的灰色平面，平台上有小方格和三色坐标轴，周围的实

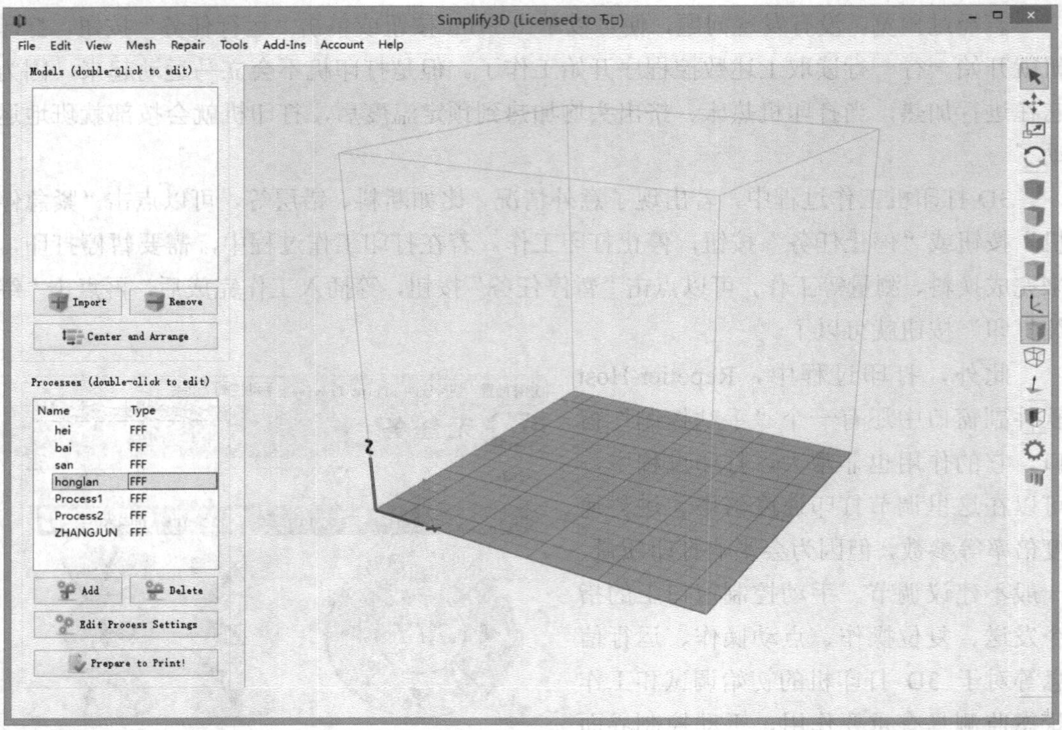

图 5-17　Repetier-Host 主界面

线框内部便是平台的成型体积。当在机器设置中选择的是笛卡尔坐标系时，平台为矩形平面；选择三角洲则为圆形平面。

各个功能区主要功能：

（1）菜单栏：在软件的最上面，包括了导入导出文件、复制、镜像、修复等功能。其中最常用的菜单是前 4 个，外加工具菜单。

（2）工具栏：主要功能为对模型的简单编辑、改变查看方式、以及联机控制和加支撑。默认在软件右侧，当然也可以用鼠标左键点击工具栏上方的一排小点并按住不放，将其移动到其他地方。工具栏里的大部分内容在菜单栏里都有，可以当成快捷按钮来用。

（3）模型列表：将当前软件中导入的模型在此列出，可对模型进行导入、删除、选择、编辑等操作，模型列表如图 5-18 所示。

（4）打印参数列表：物体放置、切片软件、打印预览、手动控制、SD 卡等。打印参数列表如图 5-19 所示。

步骤二：模型导入及操作。

（1）模型编辑窗口：双击模型可打开此窗口，可更改模型名称，设置位置坐标、尺寸、旋转角度。

（2）打印参数设置窗口：点击主界面左下方的“Edit Process Settings”按钮打开。

FFF Setting 是最常用到的窗口，可设置打印参数，也可以打开高级选项，调整更多参数，如图 5-20 所示。

步骤三：切边处理及打印。

联机打印窗口：点击主界面左下角的“Prepare to Print!”按钮，程序会对模型进行切片，并进入打印预览界面，如图 5-21 所示。如果有多个 FFF 打印进程，预览前还需要选择使用哪个打印进程和打印顺序，如图 5-22 所示。

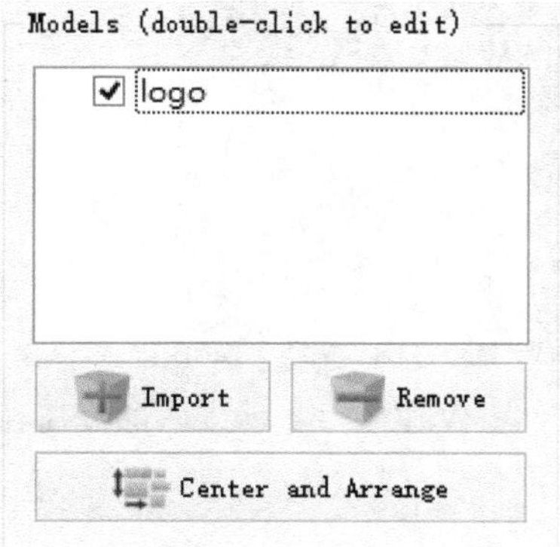

图 5-18　模型列表

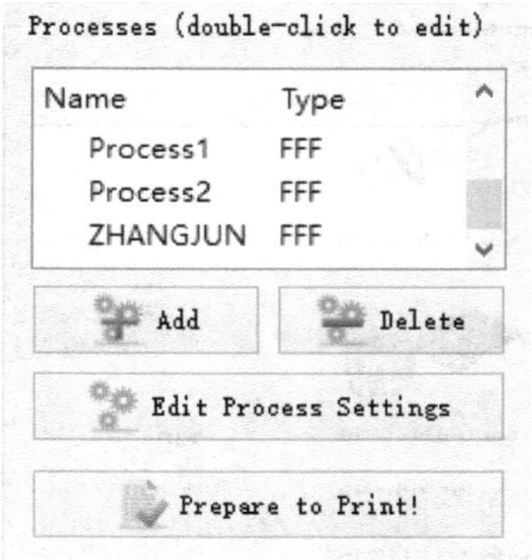

图 5-19　打印参数列表

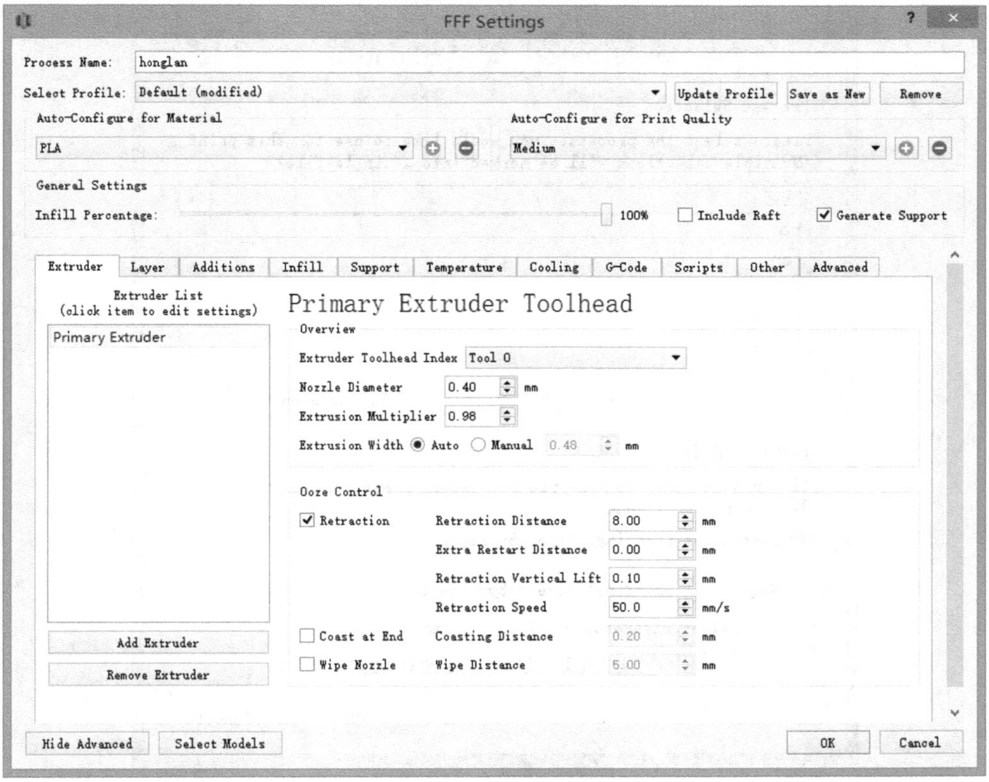

图 5-20　打印参数设置窗口

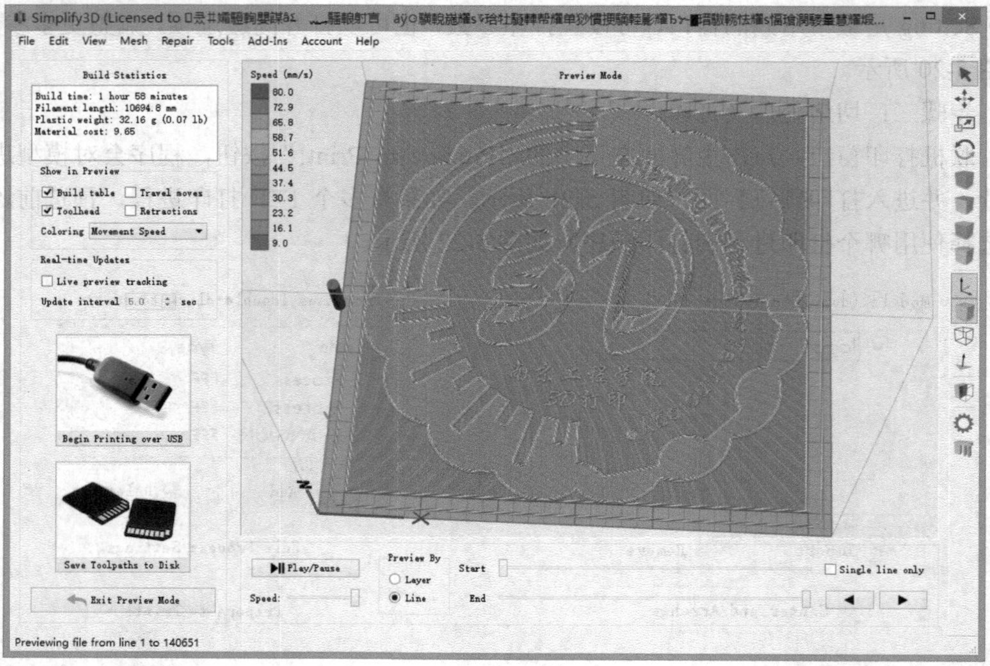

图 5-21 联机打印窗口

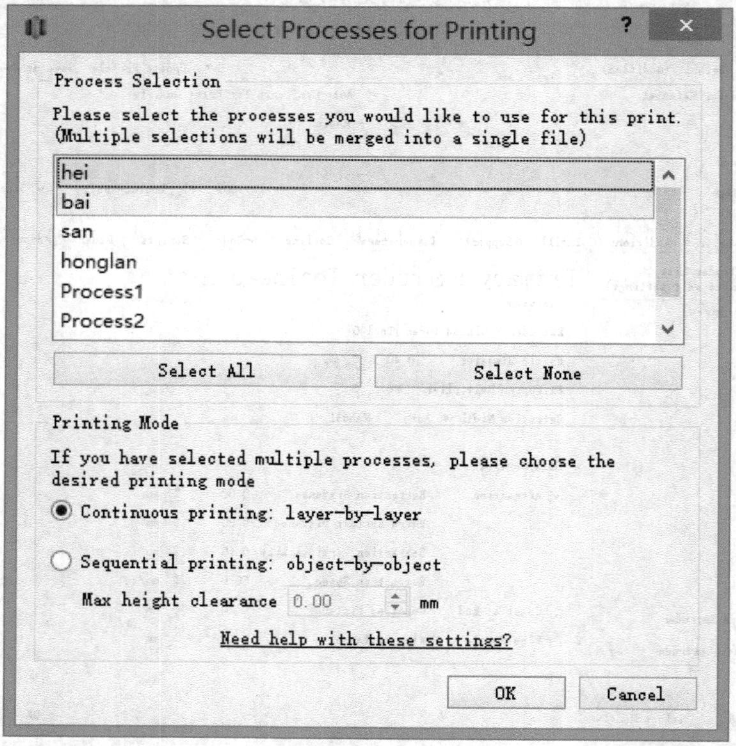

图 5-22 选择打印进程和顺序

5.3　打印参数设置

3D 打印机切片软件安装完成后，运行切片软件，接下来还需要对打印机打印参数进行设置，本章具体介绍一下各种切片软件的参数设置。

5.3.1　CURA 切片软件打印参数设置

1. 基本参数设置

在“专业设置”界面单击“切换到完整配置模式”再选择“基本”，基本参数设定如图 5-23 所示。

（1）层厚：指每层的厚度。最大不要超过喷头直径的 80%，对于 0.4mm 的喷嘴设为 0.2mm 较合适（想让打印准确度更高可设为 0.1mm）。

（2）壁厚：指模型外壁的厚度。一般设为层高的整数倍，这里设置为 0.8mm。

（3）顶层/底层厚度：指模型上下面的厚度。一般设为层高的整数倍，这里设为 0.75mm。

（4）填充密度：指模型内部的填充密度。调节范围为 0～100%，一般设为 20%。

（5）打印速度：指打印时喷嘴移动的速度。调节范围为 25mm/s～50mm/s，通常设为 30mm/s（模型复杂速度低一点，模型简单速度高一点）。

（6）喷头温度：指融化耗材的温度。若使用 PLA 材料需设为 195℃左右，若使用 ABS 材料需设为 230℃左右。

（7）支撑类型：指打印时模型的悬空部分的支撑方式，考虑模型打印的准确度和后期的处理，选择 Touching buildplate。

（8）黏附平台：指用哪种方式将模型固定在工作台上。Brim（边界）是指在模型底层边缘处由内向外创建一个单独的宽边界，边界圈数可调；Raft（网格）指在模型底部和工作台之间建立一个网格形状的底盘，望各位厚度可调。为便于清楚选择 Brim。

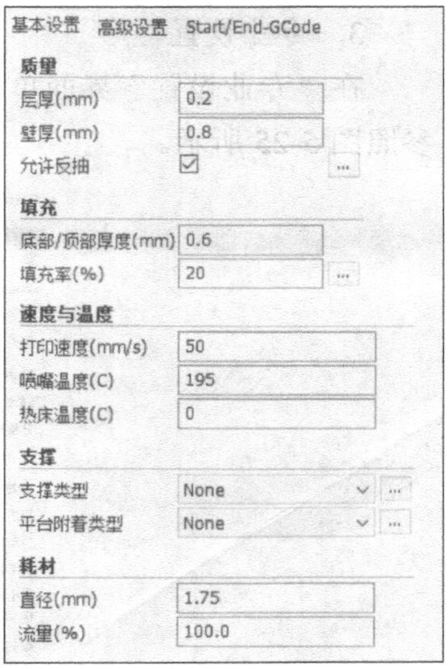

图 5-23　基本参数设置

2. 高级参数设置

在“专业设置”界面单击“切换到完整配置模式”再选择“高级”，主要参数设置如下，其他设置参照图 5-24 所示进行设置。

（1）喷嘴孔径：是固定值，取决于打印机喷嘴实际尺寸，这里设置为 0.4mm。

（2）初始层厚：指首层厚度。一般设置为与层高一样，这里设为 0.2mm。

（3）初始层线宽：指首层丝的宽度。这与打印对象和平板之间的黏合有关，一般情况下设为 100%。

（4）底层切除：用于不规则形状的模型，当模型的底部与热床的连接点太少，造成无法黏合的情况下，会将其设置为大于 0 的数，这样模型的底部就会被削平，利于更好地黏在平板上。一般默认设置为 0。

（5）两次挤丝重叠：这只对双头打印机有效，一般默认原始值 0.15。

（6）速度：设为默认值，如图 5-24 所示。

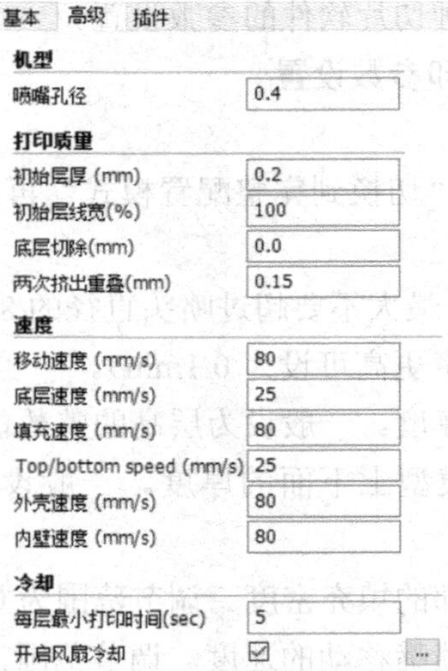

图 5-24　高级参数设置

3. 专业设置

在“专业设置”界面单击“额外设置（或 Ctrl+E）”，主要参数设置如下，其他设置参照图 5-25 所示。

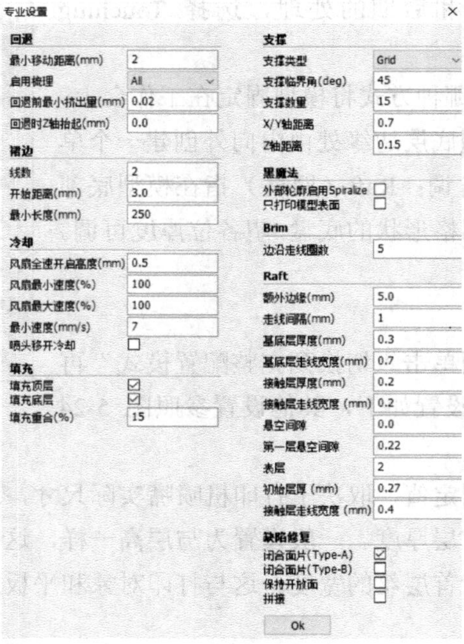

图 5-25　专业设置

（1）回退最小移动距离：指喷头经过非打印区的距离为超过设定值时会开启回退。考虑挤丝电机的寿命回退最小移动距离一般设置为 2mm。

（2）回退前最小挤出量：指回退前系统默认吐丝长度。一般设为 0.02mm。

（3）裙边线数：在模型外设定距离内生成的与模型底层形状一样的线圈的线数。初学者可设为 3，后期熟练了可改为 1。

（4）开始距离：指靠模型底部最近的外廓线与模型边缘的距离。调节范围为 2～5mm，这里设置为 3mm。

（5）最小长度：默认值，250mm 最佳。

（6）风扇全速开启高度：指风扇达到最大转动速度是冷却面积的高度，固定默认值不改。

（7）风扇最小速度与风扇最大速度：指正常打印时风扇的使用率。默认设为 100%。

（8）最小速度：指每层打印使用的最小速度。一般设 10mm/s 为最佳。

（9）喷头移开冷却：指每层最少冷却用时满足不了冷却时，每层打完自动抬起喷头冷却，接着再打印下一层。一般默认不开启。

5.3.2 Repetier-Host 切片软件打印参数设置

1. 连接设置

单击“配置”菜单，出现“打印机设置”界面，主要设置如以下几项，其他设置可参照图 5-26 所示进行设置。

（1）设置端口和电脑的端口参数。一般自动识别并自动选择打印机端口，也可以打开电脑“设备管理器”查看待连接打印机的端口名称，在“端口”后面选择相同的名称。

（2）波特率设置。“波特率”通常设置为 115200，其他使用默认值即可。

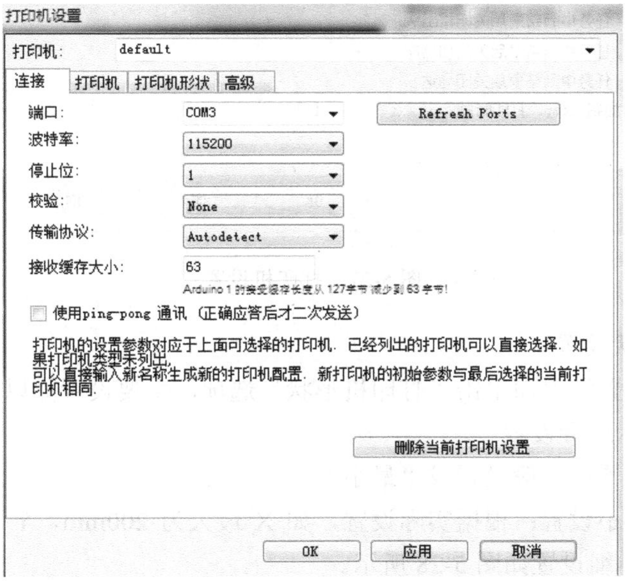

图 5-26　连接设置

2. 打印机设置

在“打印机设置”界面单击“打印机”选项，主要设置如以下几项，其他设置可参照图 5-27 所示进行设置。

（1）挤出头平动速度：设置为 4800mm/min。

（2）Z-方向运动速度：设置为 100mm/min。

（3）缺省挤出头温度：若使用的是 PLA 材料需设置在 195℃左右，如图 5-27 中将 190 改为 195；若使用的是 ABS 材料需设置在 230℃左右，如图 5-27 中将 190 改为 230。

（4）缺省热床温度：若使用的是 PLA 材料无需加热设置，室温即可如图 5-27 中将 50 改为 0，若使用的是 ABS 材料需设置在 90℃左右，如图 5-27 中将 50 改为 90。

（5）挤出头数目：实际用几个则设置几个，如一个喷头设置为 1。

（6）停机位：根据打印机实际大小设置，如 X 方向最大为 130mm，输入“130”。

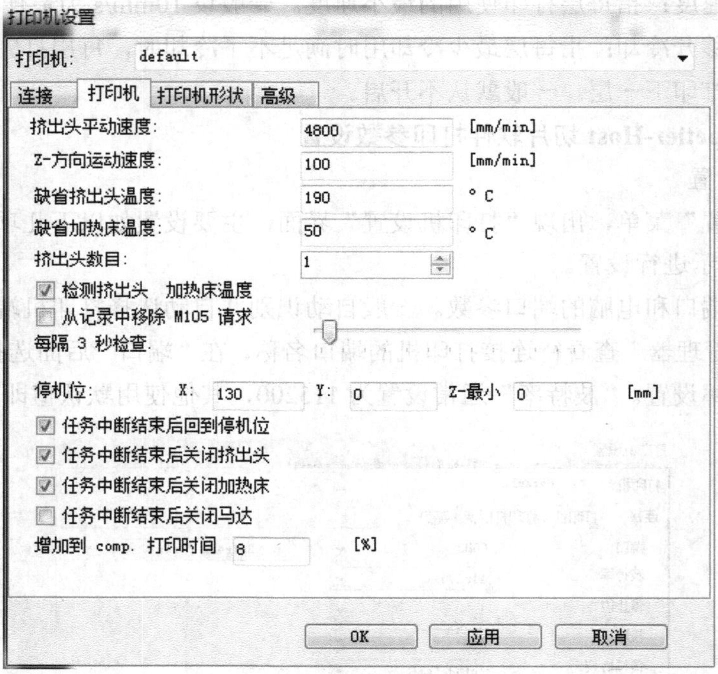

图 5-27 打印机设置

3. 打印机形状设置

在“打印机设置”界面单击“打印机形状”选项，主要设置如以下几项，其他设置可参照图 5-28 所示进行设置。

（1）初始位设置：一般设置成“最小”。

（2）打印机大小设置：根据实际设置，如 X 最大为 200mm，Y 最大为 200mm，Z 最大为 100mm，详细设置如图 5-28 所示。

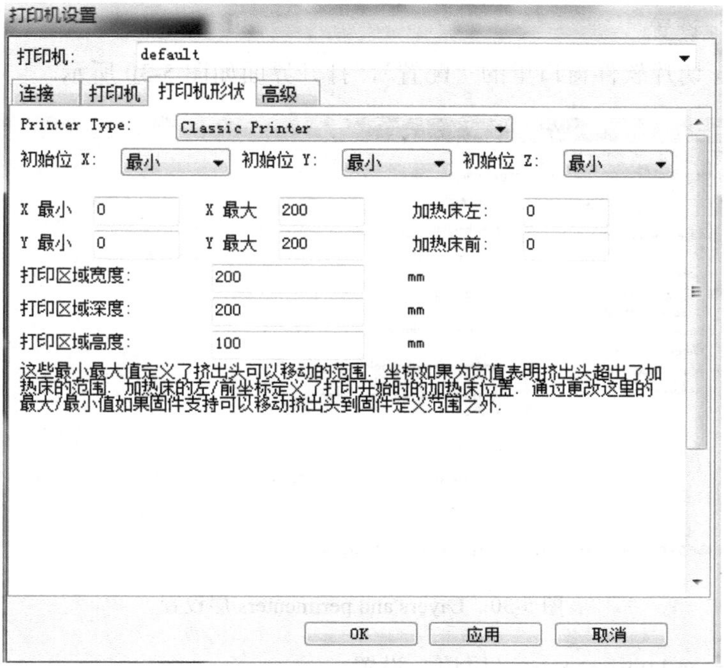

图 5-28 打印形状设置

4. 高级设置

一般使用默认设置即可，如图 5-29 所示。

图 5-29 高级设置

5. “配置” 设置

点选 Slic3r 切片软件窗口里的“配置”，打开界面如图 5-30 所示。

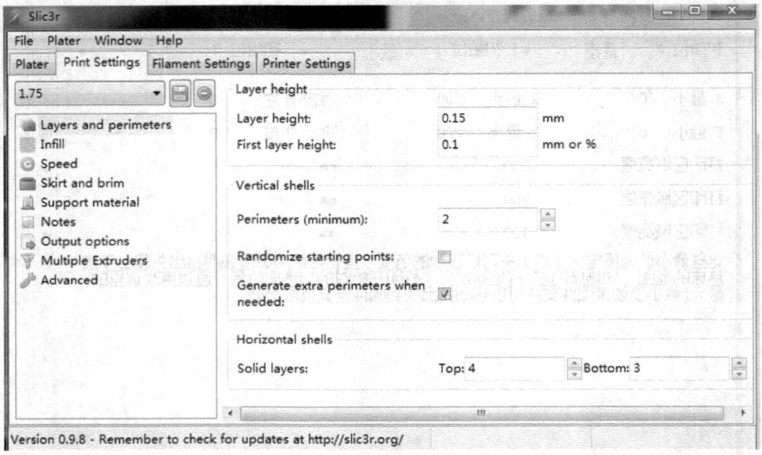

图 5-30 Layers and perimenters 层设置

（1）Layers and perimenters（层边）设置。

主要设置如以下几项，其他设置可以参照图 5-30 所示进行设置。

1）Layer height（层高）：每层打印的高度，根据所需表面质量要求设置。如使用 0.4mm 的喷嘴，设置为 0.2~0.3mm（数值越小表面质量越高）。

2）First layer height（首层高度）：比层高设置值略小即可。

3）Perimters（minimum）（周长）：最小距离，使用默认值即可。

4）Generate extra perimeters when needed：指当需要产生额外的周长，使用默认值即可。

5）Solid layers（固体层）：首层、顶层一般设置在 3mm 左右。

（2）Infill（填充）设置。根据实际要求设置，一般打印可参照图 5-31 进行设置。

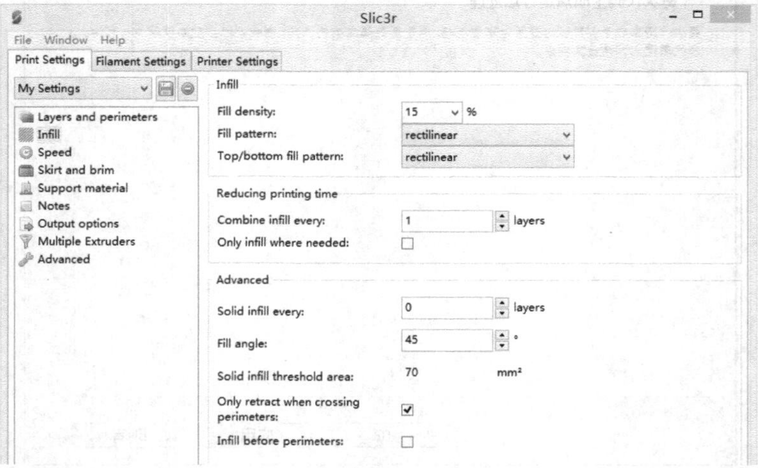

图 5-31 Infill 填充设置

（3）Speed（速度）设置。设置可参照图 5-32 所示进行设置。

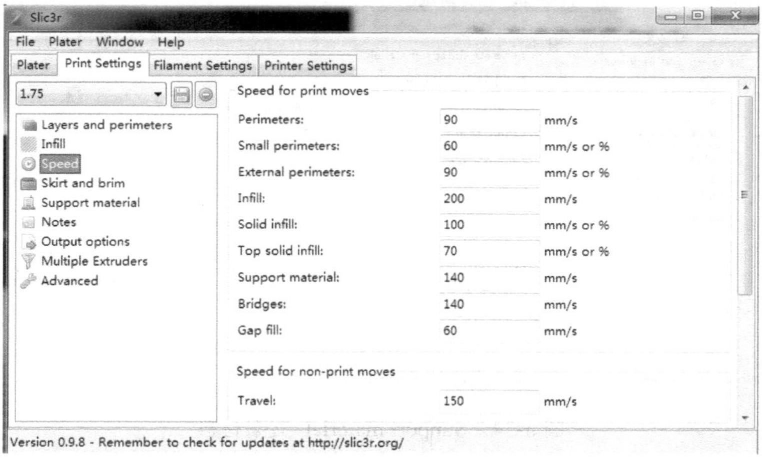

图 5-32 Speed 速度设置

（4）Skirt and brim（裙座和边缘）设置。主要设置如以下几项，其他设置可以参照图 5-33 所示进行设置。

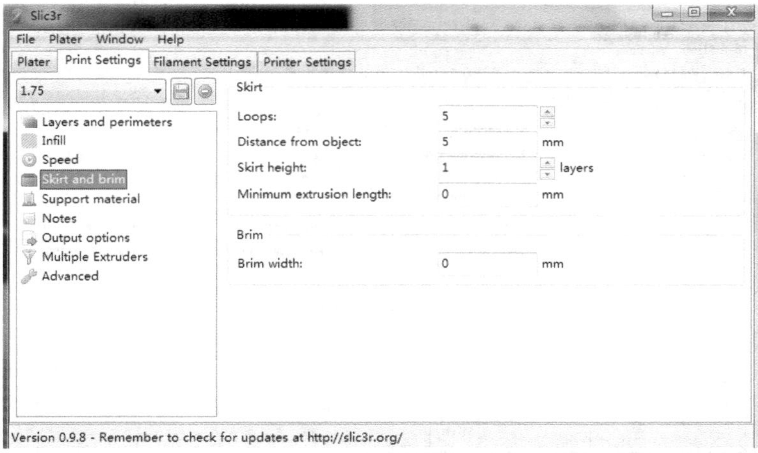

图 5-33 Skirt and brim 裙座和边缘

1）Loops（圈数）：初学者可以设置成 5，熟练后可以设置成 2。

2）Skirt height（裙边高度）：一般设置为 1（层）。

（5）Support material（支架材料）设置。Pattern 后面选择 rectilinear，其他设置可以参照图 5-34 所示进行设置。

（6）Notes（Notes Lotus 公司出品的群件系列软件）设置。一般使用默认设置值即可。

（7）Output options（输出选项）设置。一般使用默认设置值即可。

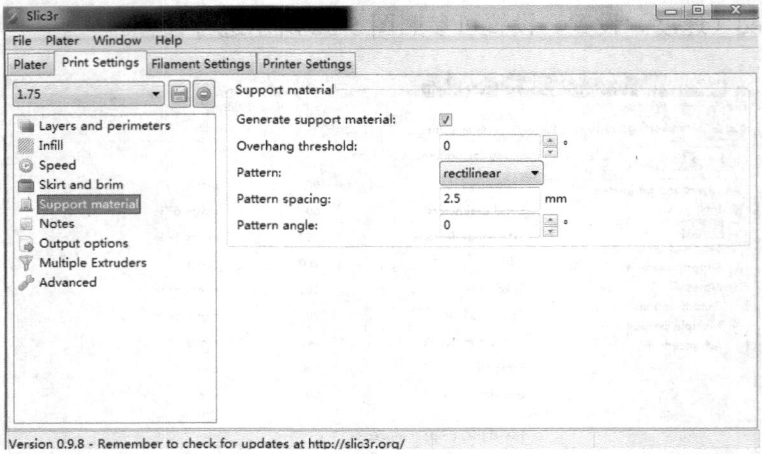

图 5-34　Support material 支架材料

（8）Multiple extruders（多挤出机）设置。一般使用默认设置值即可。

（9）Advanced（高级）设置。一般使用默认设置值即可。

（10）Flament settings（丝）设置。主要设置如以下几项，其他设置可以参照图 5-35 所示进行设置。

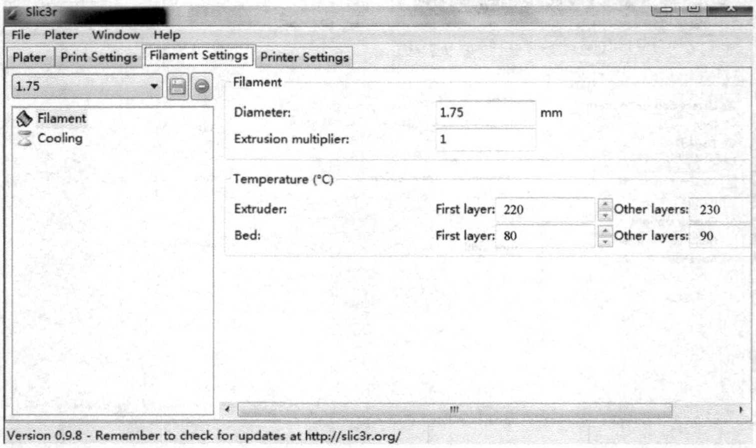

图 5-35　Flament settings 丝设置

1）Diameter（直径）：需根据实际设置，如使用耗材直径为 1.75mm 就设置为 1.75mm。

2）Extrusion multiplier（挤压乘数）：默认设置为 1。

3）Extruder（挤出机）：若使用的是 PLA 材料 First layer 需设置在 190℃，Other layers 需设置在 195℃左右。若使用的是 ABS 材料 First layer 需设置在 230℃左右。

(4) Bed（热床）：若使用的是 PLA 材料无须加热设置室温即可，First layer 和 Other layers 均设置为 0，ABS 材料 First layer 需设置在 80℃，Other layers 需设置在 90℃左右。

（11）Cooling（冷却）设置。一般使用默认设置值即可。

（12）General（总体）设置。如打印机的尺寸为 200mm×200mm，中心在正中心的设置如下，其他设置如图 5-36 所示进行设置。

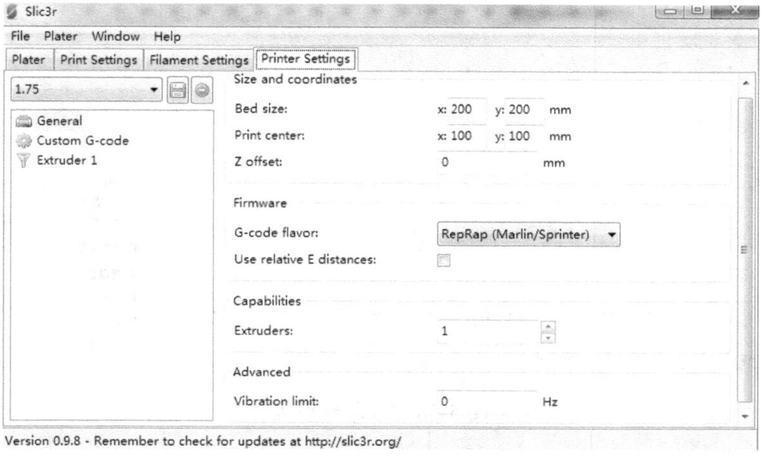

图 5-36　Printer settings 打印机设置

（13）Custom G-code（自定义 G 代码）设置。无须设置，一般使用默认设置值即可。

（14）Extruder 1（挤出机 1）设置。Nozzle diameter 喷嘴直径，根据实际使用设置，如喷嘴是 0.4mm，就设置成 0.4mm。其他设置如图 5-37 所示进行设置。

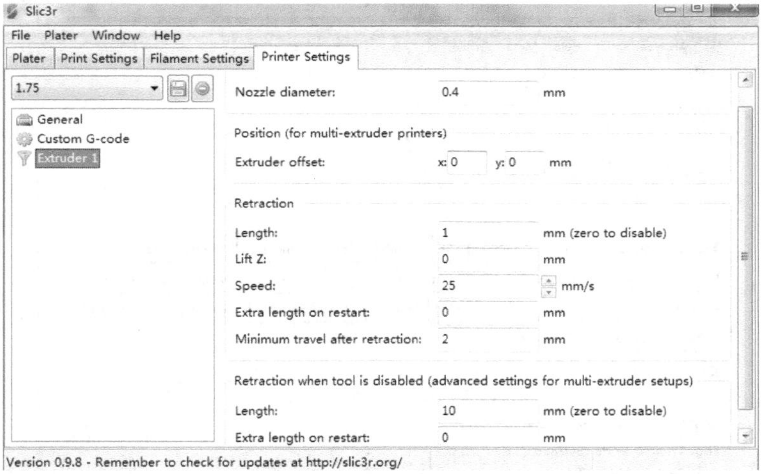

图 5-37　Extruder 1（挤出机 1）

（15）所有参数如上设置好后保存，可以默认的名也可以自定义名保存。如，保存至如上的打印丝为 1.75mm，则图 5-38 下方设置为 1.75mm。

（16）材料配置。

1）PLA 材料设置，如图 5-39 所示。

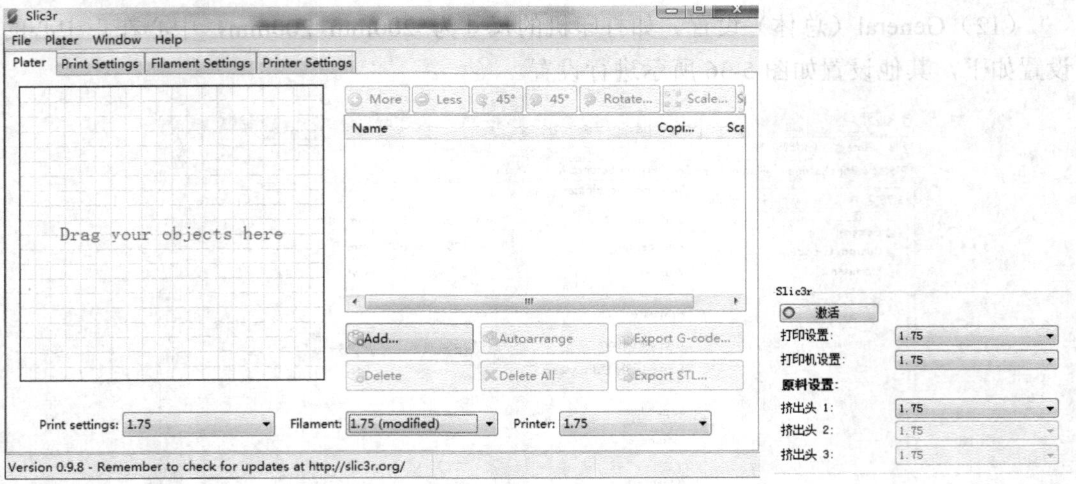

图 5-38　打印丝设置

图 5-39　PLA 材料设置

2）配置选择材料，如图 5-40 所示。

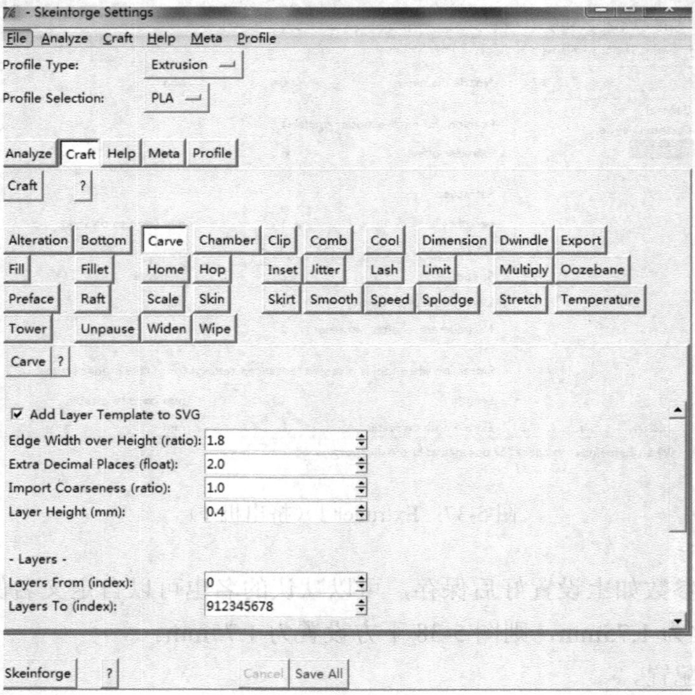

图 5-40　配置选择材料

（17）代码编辑器（见图 5-41）。可查看已经生成的 G 代码。

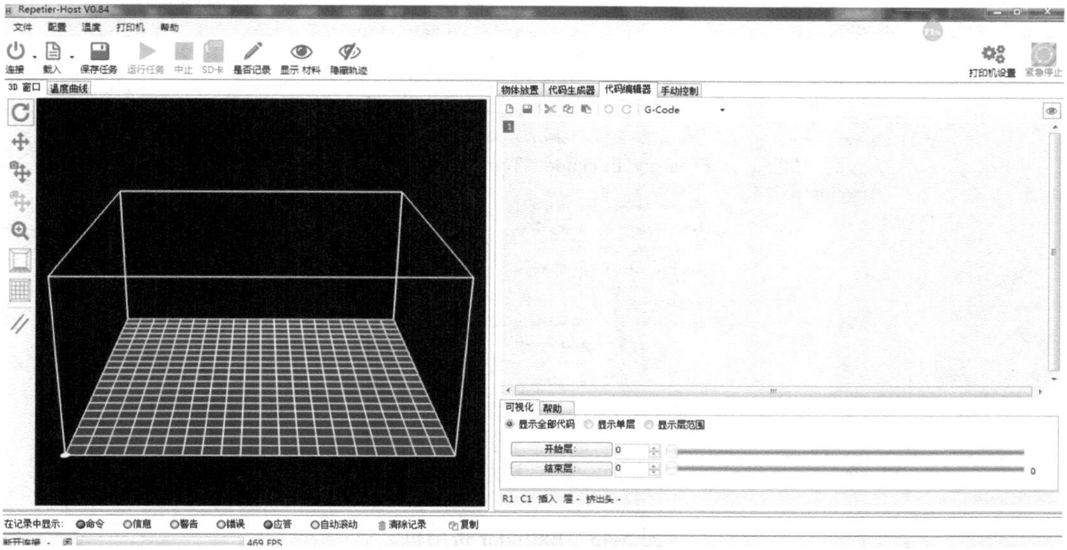

图 5-41　代码编辑器

（18）手动控制。面板上的小屋是各个方向回参考点（限位开关控制），如图 5-42 所示。

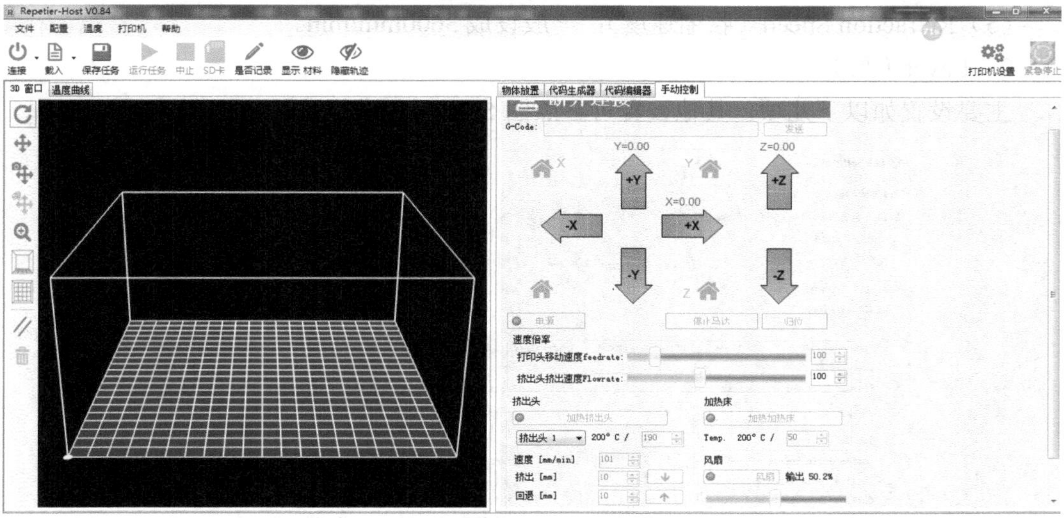

图 5-42　面板上的小屋是各个方向回参考点

5.3.3　Simplify3D 切片软件打印参数设置

1. Extruder（挤出机）

主要设置如以下几项，其他设置可参照图 5-43 所示进行设置。

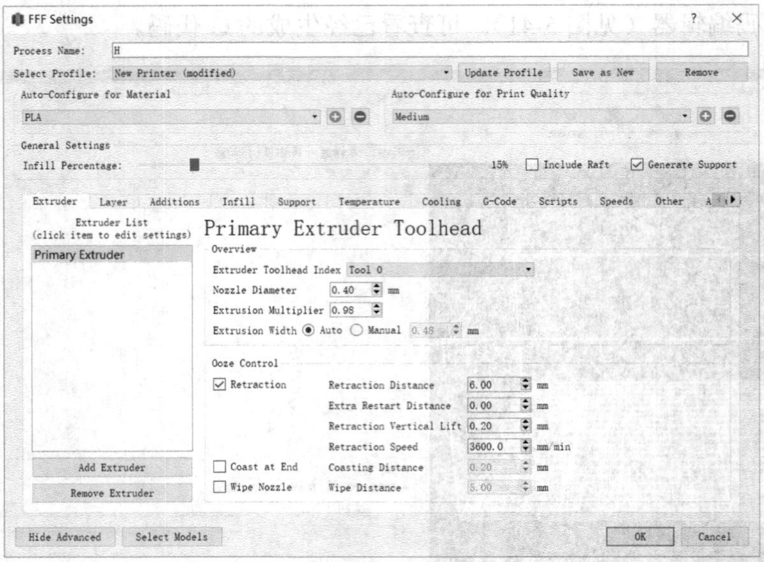

图 5-43　Extruder 挤出机

（1）Nozzle Diameter（喷头直径）：根据实际而定，一般为 0.4mm。

（2）Extrusion Multiplier（积压乘法器）：一般为 0.98。

（3）Extrusion Width（挤出宽度）：选 Auto（自动）。

（4）Retraction Distance（回缩距离）：一般设成 6。

（5）Retraction Speed（收缩速度）：一般设成 3600mm/min。

2. Layer（层）

主要设置如以下几项，其他设置可参照图 5-44 所示进行设置。

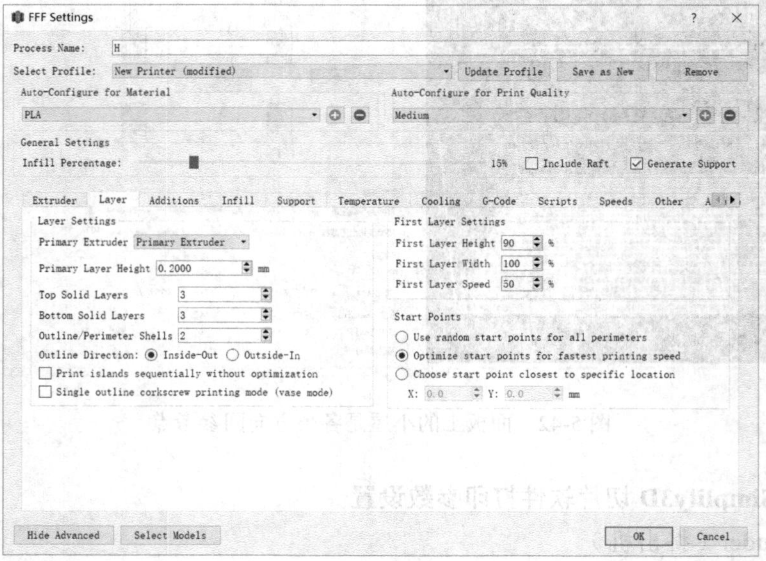

图 5-44　Layer 层

（1）Primary Layer Height（初生层高度）：一般设置成 0.2mm。

（2）Top Solid Layers（顶部的固体层）：一般设置成 3。

（3）Bottom Solid Layers（底部的固体层）：一般设置成 3。

（4）Outline/Perimeter Shells（轮廓/周长壳）：一般设置成 2。

3. Additions（增加）

主要设置如以下几项，其他设置可参照图 5-45 所示进行设置。

（1）Skirt Layers（裙层）：一般设置成 1。

（2）Skirt Offset from Part（裙部偏置）：一般设置成 5。

（3）Skirt Outlines（裙边轮廓）：一般设置成 2。

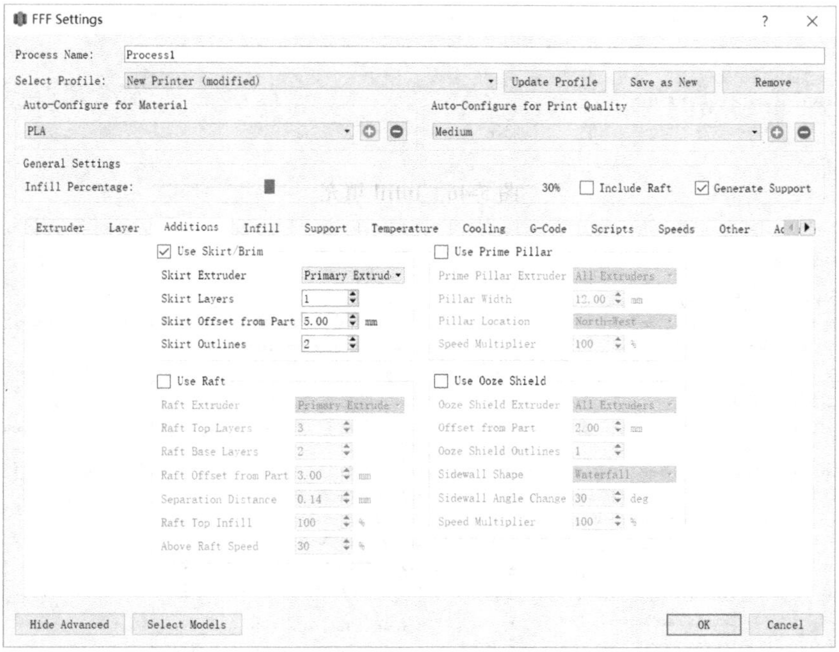

图 5-45　Additions 增加

4. Infill（填充）

Interior Fill Percentage 内部填充百分比，根据实际需求进行设置。如需要空心的模型且模型没有太大的强度要求则设置为 20，如需要实心的模型则设置为 100，如图 5-46 所示。其他设置使用默认的值即可，如图 5-46 所示。

5. Support（支撑）

主要设置如以下几项，其他设置可参照图 5-47 所示进行设置。

（1）Support Extruder（支持挤出机）：一般设置成 Primary Extruder 主挤出机。

（2）Support Infill Percentage（支撑填充率）：一般设置成 30%。

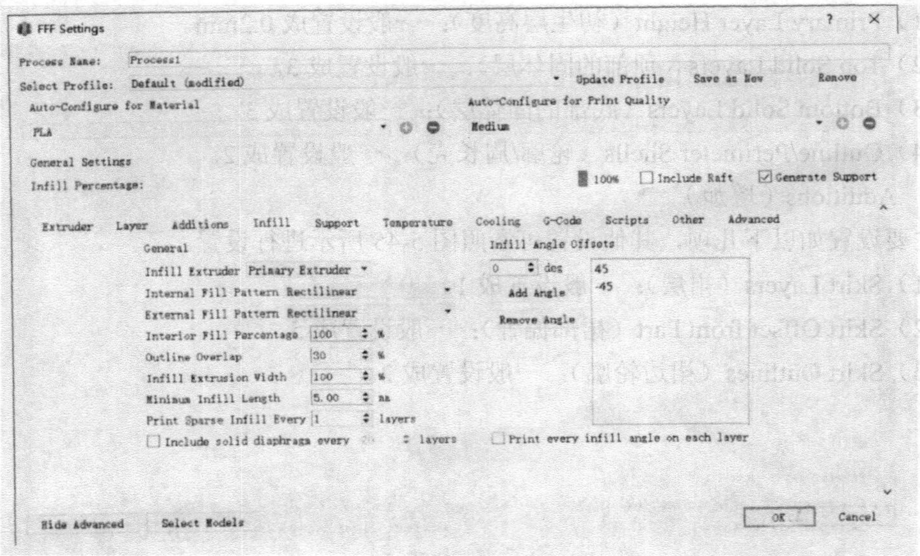

图 5-46　Infill 填充

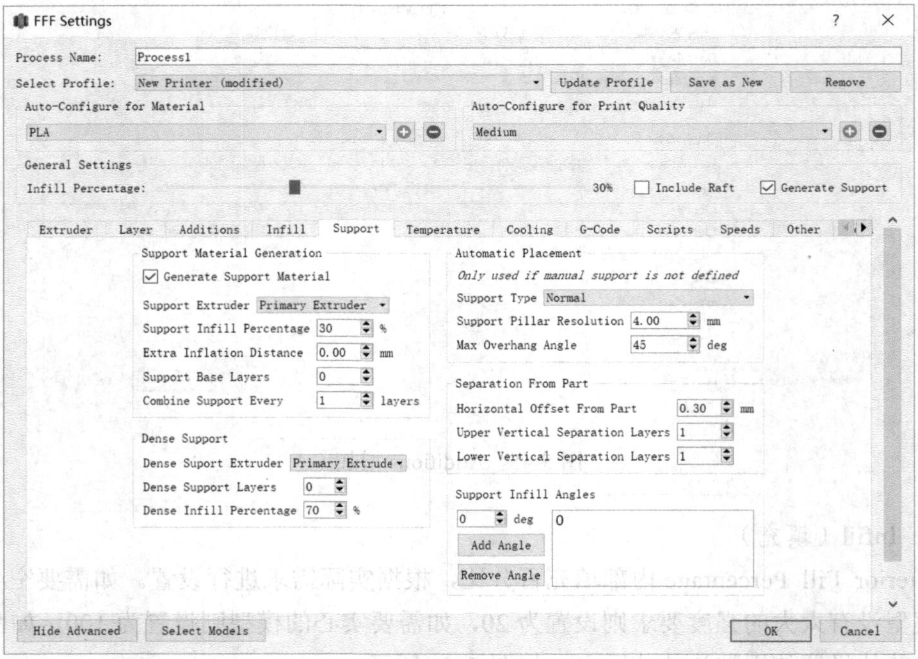

图 5-47　Support 支撑

6. Temperature（温度）

一般 PLA-打印头 180℃以上及热床无须加，热室温即可；ABS-打印头 230℃左右及热床 90℃左右，其他设置可参照图 5-48 所示进行设置。

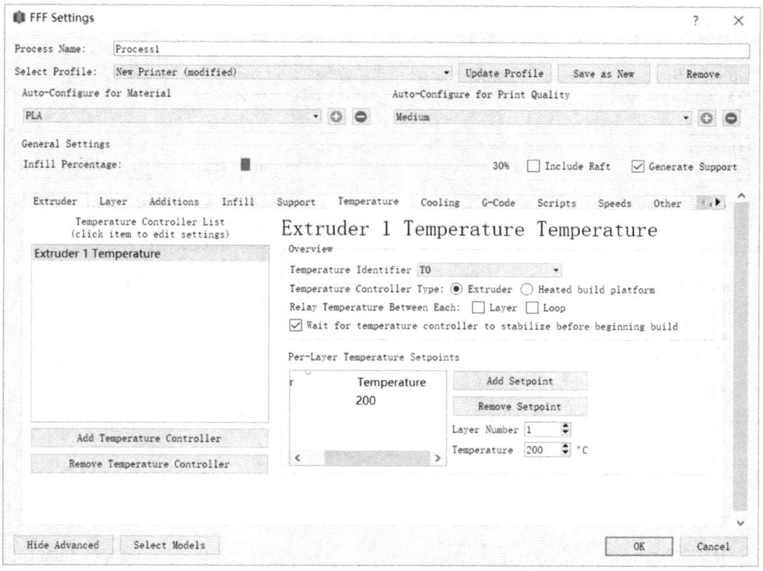

图 5-48　Temperature 温度

7. Cooling（冷却）

主要设置一般选择默认设置，具体可参照图 5-49 所示进行设置。

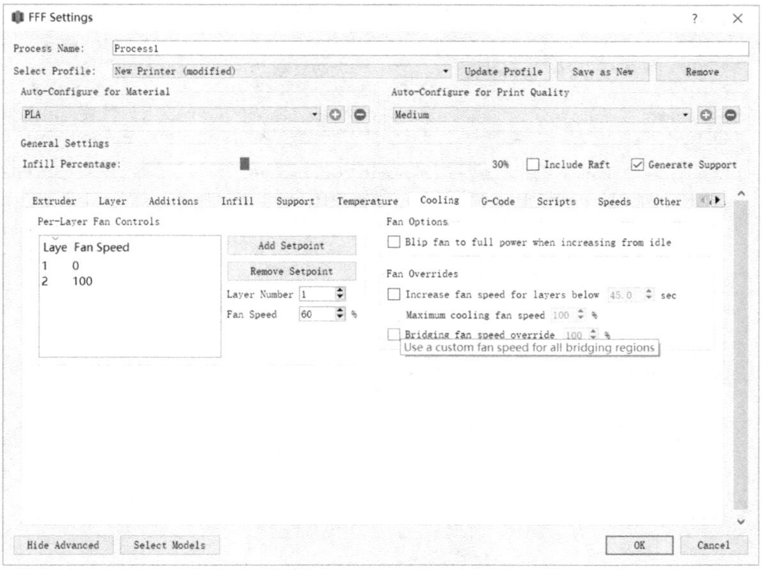

图 5-49　Cooling 冷却

8. G-code G（代码）

Build volume 需根据对应打印机尺寸进行设置，其他设置可参照图 5-50 所示进行设置。

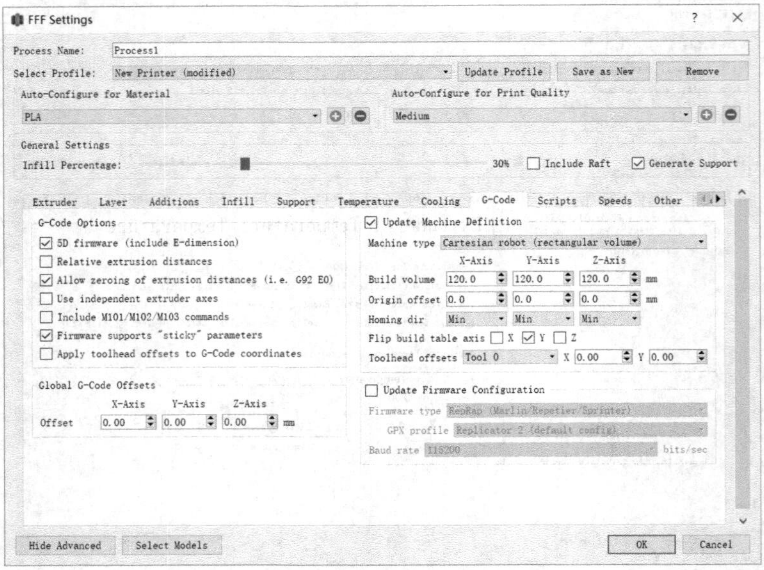

图 5-50　G-code G 代码

9. Scripts 脚本

主要设置一般选择默认设置，具体可参照图 5-51 所示进行设置。

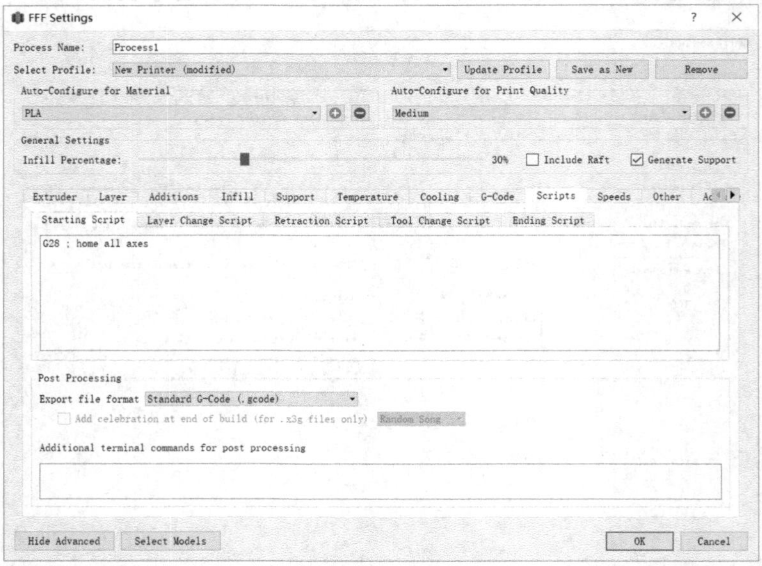

图 5-51　Scripts 脚本

10. Speeds 速度

主要设置如以下几项，其他设置可参照图 5-52 所示进行设置。

（1）Default Printing Speed（默认的打印速度）：一般设置为 3600mm/min。

（2）X/Y Axis Movement Speed（X/Y 轴移动速度）：一般设置为 4800mm/min。

（3）Z Axis Movement Speed（Z 轴移动速度）：一般设置为 4800mm/min。

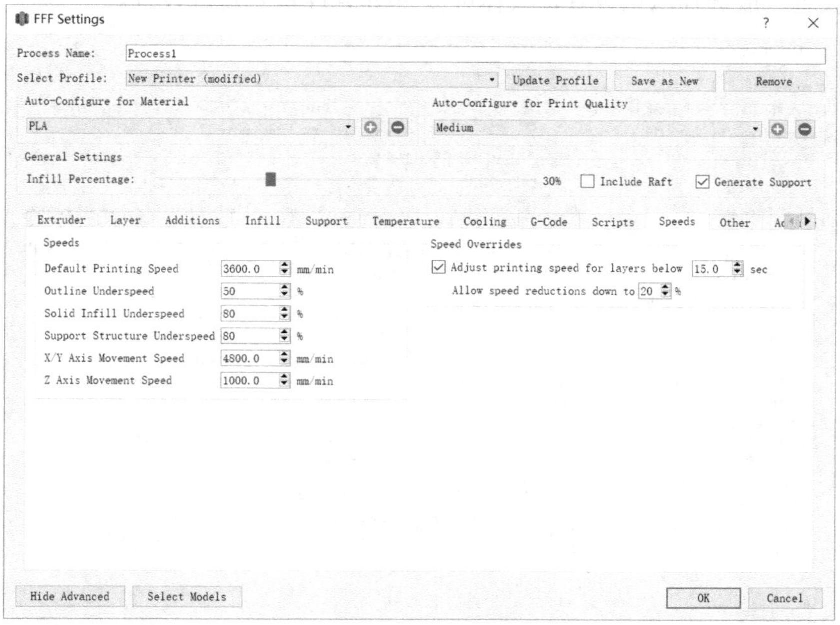

图 5-52　Speeds 速度

11. Other（其他）

主要设置一般选择默认设置，具体可参照图 5-53 所示进行设置。

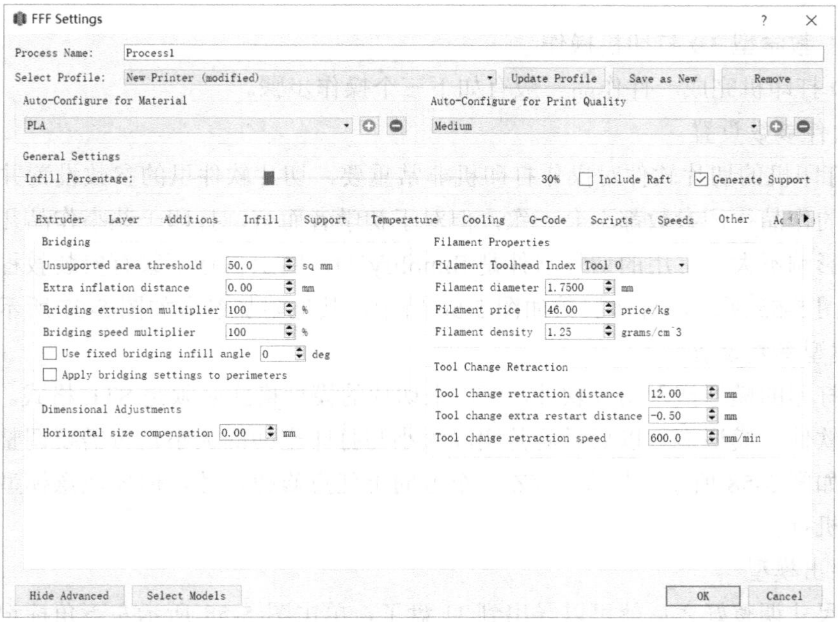

图 5-53　Other 其他

12. Advanced（高级）

主要设置一般选择默认设置，具体可参照图 5-54 所示进行设置。

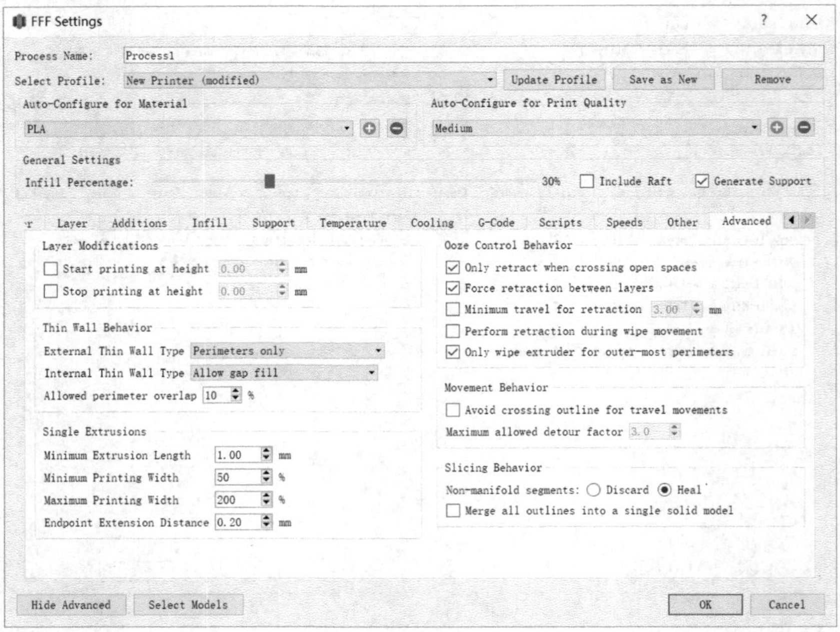

图 5-54　Advanced 高级

5.4　3D 打印机操作与维修

5.4.1　教学型 3D 打印机操作

用 3D 打印机完成一件作品一般有如下三个操作步骤。

1. 软件参数设置

3D 打印机的切片软件对操作打印机非常重要，切片软件里的参数设置并非一成不变，不同的作品往往参数都不会一致，但对于初学者而言，打印一些小作品几个参数值变动与否影响不大。常用的切片软件是 Simplify3D，网上自行下载有安装教程，基本参数设置如图 5-55 所示，打印层数如图 5-56 所示，其他附加参数如图 5-57 所示。

2. 模型参数设置

把要打印的模型拖入切片软件，可用来切片的模型格式必须是 STL 格式。否则无法拖入切片软件。模型拖入以后看看其实际大小与打印空间的大小是否需要调整，这个因人而异。如图 5-58 所示可以在 XYZ 三个方向上任意修改尺寸，但要注意模型最大不要超过打印机行程。

3. 导出模型

作品尺寸调整好之后就可以导出到 U 盘了，单击图 5-58 所示左下角标记。先进行切片即格式转换。由原来的 STL 格式转换成 Gcode 格式，这里可以观察打印模型的线路仿真，之后单击图 5-59 所示左下角内存卡图标进行保存。这里建议用个内存不是很大的 U 盘，而且里面尽量不要存放其他文件，避免文件冲突。这里导出成功之后前期工作就完成了。

中期的操作直接影响作品的成功率。接下来将对模组化 3D 打印机的操作展开详细介绍。

（1）确保机器处于一个相对平稳、空旷的位置。

（2）检查机器。看机器所有硬件连线是否正常、牢靠，螺丝是否有松动、各轴是否可以无阻碍滑动、传动带是否张紧或处于其他非正常状态。

（3）准备材料。若机器上有材料，那么只要保证完成即将打印的作品后还有剩余材料即可，若不能确保，建议更换新的材料，以保证打印的连续性。

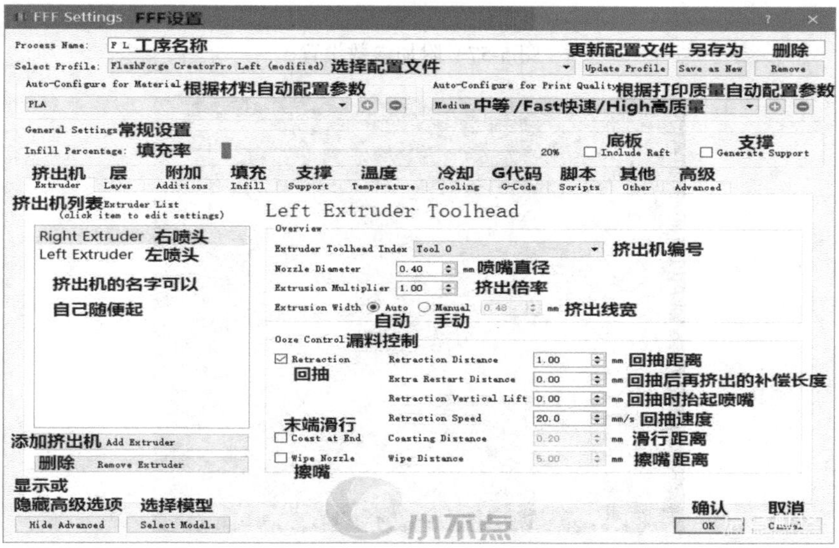

图 5-55　挤出机参数设置

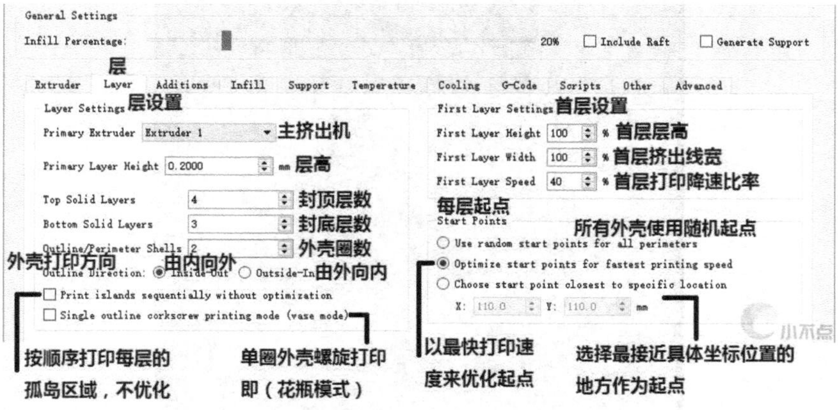

图 5-56　打印层参数设置

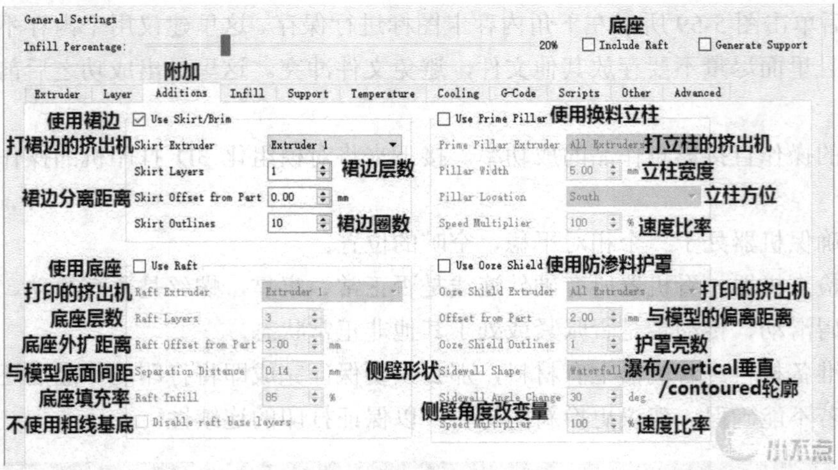
General Settings
Infill Percentage:
底座
20%
Include Raft
Generate Support
附加
Extruder
Layer
Additions
Infill
Support
Temperature
Cooling
G-Code
Scripts
Other
Advanced
使用裙边
Use Skirt/Brim
打裙边的挤出机
Skirt Extruder
Extruder 1
Skirt Layers
1
裙边层数
裙边分离距离
Skirt Offset from Part
0.00
mm
Skirt Outlines
10
裙边圈数
Use Prime Pillar
使用换料立柱
Prime Pillar Extruder
All Extruders
打立柱的挤出机
Pillar Width
5.00
mm
立柱宽度
Pillar Location
South
立柱方位
Speed Multiplier
100
%
速度比率
使用底座
Use Raft
打印的挤出机
Raft Extruder
Extruder 1
底座层数
Raft Layers
3
底座外扩距离
Raft Offset from Part
3.00
mm
与模型底面间距
Separation Distance
0.14
mm
底座填充率
Raft Infill
85
%
不使用粗线基底
Disable raft base layers
Use Ooze Shield
使用防渗料护罩
Ooze Shield Extruder
All Extruders
打印的挤出机
Offset from Part
2.00
mm
与模型的偏离距离
Ooze Shield Outlines
1
护罩壳数
侧壁形状
Sidewall Shape
Waterfall
瀑布/vertical垂直
/contoured轮廓
Sidewall Angle Change
30
deg
侧壁角度改变量
Speed Multiplier
100
%
速度比率

图 5-57　附加参数设置

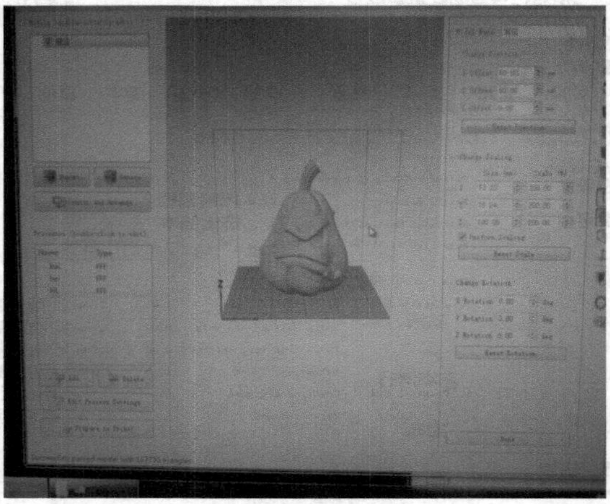

图 5-58　模型尺寸设定

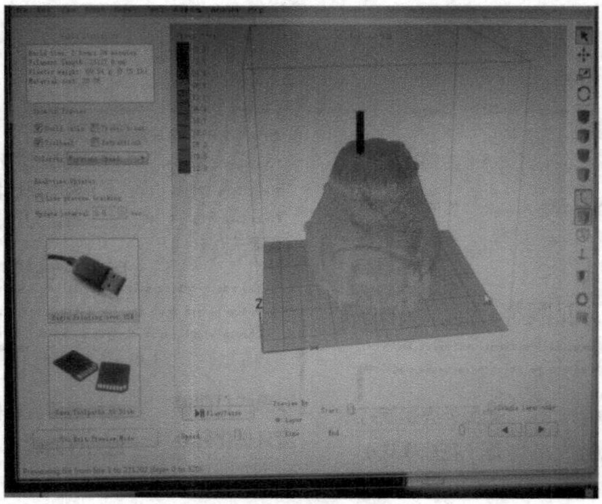

图 5-59　转格式后的模型

（4）选择一个相对稳定的电源插座接上打印机电源，以保证直至打印结束电源都不会因人为原因而导致打印失败。

（5）拨动盒子侧面的黑色小开关进行开机操作，保证显示屏正常显示，不会卡屏或者跳屏以及屏幕乱码。

（6）开机后先选择首页面中运动调试界面（见图 5-60）的温度测试，保证升起来的温度最终稳定在设定值（见图 5-61），偶尔上下波动不影响最终打印效果。

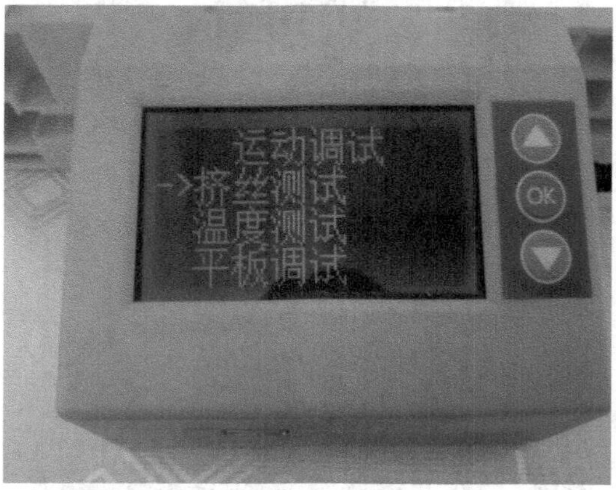

图 5-60 运动调试界面

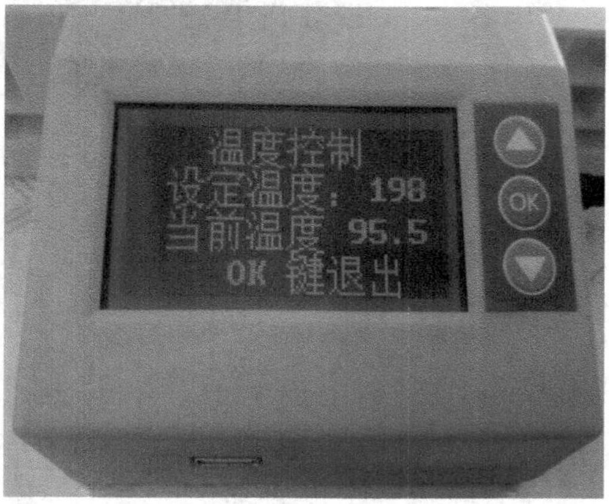

图 5-61 温度测试界面

（7）手动调试使各轴能正常触碰行程开关并回到参考点，XYZ 三轴能点动控制往复运动。手动调试界面如图 5-62 所示。

（8）挤丝测试。先旋开送料管与喷头盒之间的快接头，再通过手动送丝使得打印丝头部多出送料管出口处 10cm 即可，剪掉打丝头部变形的部分后如图 5-63 所示，把多出的 10cm 打印丝从喷头盒挤到已加热到 195℃的喷头里，看到从喷嘴下方有料挤出就可以旋紧快接头了（加热时挤出的料粗细应该比较均匀见图 5-64）。

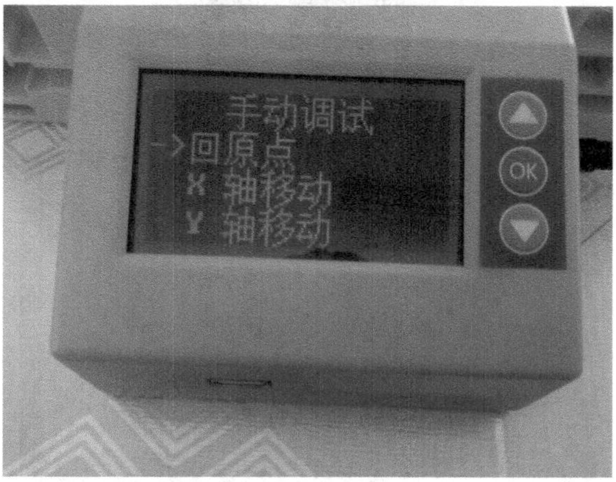

图 5-62 手动调试界面

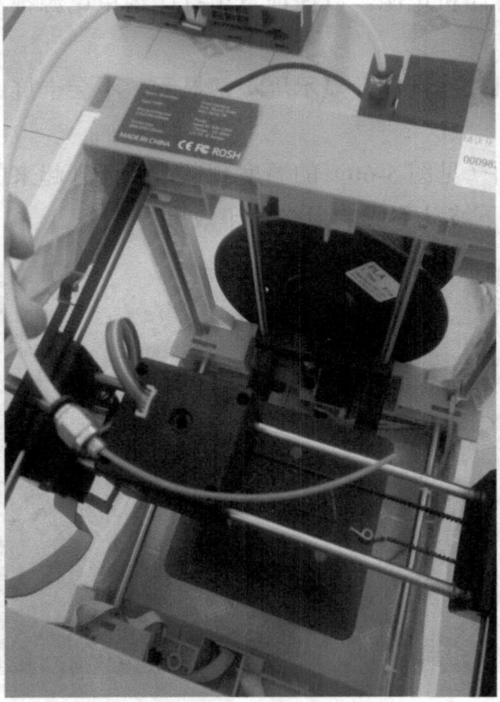

图 5-63　通丝前准备

图 5-64　正常通丝后

（9）平板调试。平台上升可能与喷嘴之间的间隙会比较大，也可能喷头与平板压得紧紧的，则需要调节平板下的螺母（顺时针旋转螺母喷头与平板间的间距会变小，逆时针旋转螺母喷头与平板简单间距会变大），手动推动喷头移至打印平板四个角落以保证喷头与打印平板之间有能容纳一张平铺的 A4 纸的距离则可，如图 5-65 所示。

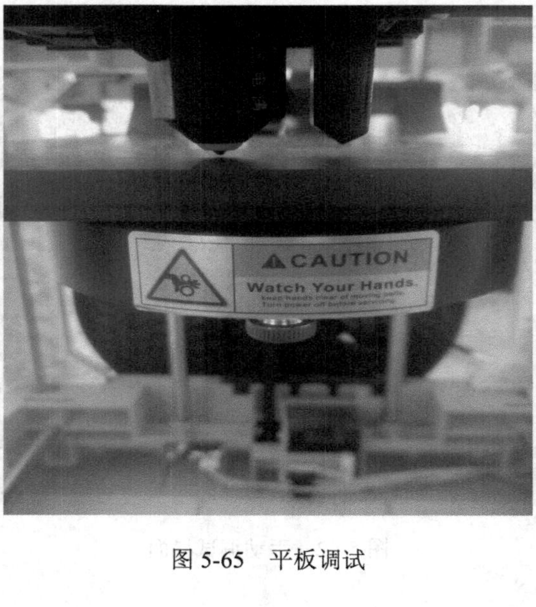

图 5-65　平板调试

（10）上述过程若可以正常操作就说明机器一切正常，下面就可以开始打印了。选择需要打印的文件，传输速度取决于打印文件的复杂程度。

打印机操作完成后接下来就是等待打印。当程序运行结束后打印机会自动停止，打印机停止后需进行后期的处理——拆支撑。支撑修剪的越干净作品就越精致。如图 5-66 所示是拆完支撑和刚打印结束的同一件作品。

5.4.2 教学型 3D 打印机常见故障维修

图 5-66 作品后处理

3D 打印机常见的故障点有以下几个，下面具体提供一些故障的排查方案供大家在学习时参考。

1. 作品翘边和难拆卸问题

打印的作品出现翘边，大部分都是因为作品与打印平台粘的不牢靠，这一般都是刚开始打印的时候平台没调好，喷嘴吐出来的料没有充分和打印平台接触，所以导致后期作品四周翘起，影响美观性，如图 5-67 所示。不过与之相反的就是作品打印好了但根本拆不下了，即使拆下来了作品底部也破坏了，有一部分一直粘在板子上，只能称之为次等品。这就是因为喷嘴吐出来的料与平板黏得太紧了，甚至于喷嘴直接熔化了打印平板，所以料就和平板紧紧地粘在了一起，如图 5-68 所示。这两种现象新手操作时常有发生，归根究底还是刚开始打印时平台没调好。

图 5-67 翘边现象

图 5-68 难拆卸现象

2. 喷头堵塞问题

喷头堵塞和喷头不出料完全是两个不同的概念。若打印过程中喷头不出料了，先看看料是否用光了，其次看喷头温度是否在设定范围内，最后看挤丝电机是否正常运转。

如果不是上述几种情况那么很有可能是喷头堵塞了。喷头堵塞的话一般多和材料有关，无非是材料打结了，材料横截面不均匀，材料有杂质，材料表面有灰尘等。如图 5-69 和图 5-70 所示是喷头堵塞时的状况。

图 5-69 喷头烧焦导致堵塞

图 5-70 料卡在喷头口导致堵塞

3. 开机调试

在调试机器时，也会有一系列状况导致无法打印。平板调试时如果听到“嗒嗒嗒”的声响时，多半是电机问题，很有可能是某个电机的连接线接触不良。这种情况就要检查线路了，保证电机连线的可靠性。还有一种原因就是电机限位开关失效，导致电机超行程运行与框架发生碰撞。这就要检查到具体哪个轴限位开关失效，可能是行程开关连线接触不良，又或者没有触碰到行程开关。

当执行温度测试或者挤丝测试时，发现显示的温度不正常，要么达到几千（见图 5-71），要么固定在–2℃（见图 5-72），这都是温度传感接线出了问题。需要检查与喷头连接的线是否存在接触不良，如果线路没问题那就很有可能是喷头或喷头连接线烧坏了，只需更换新的喷头或喷头连接线。如果温度还不正常，那么只能更换整组排线了。

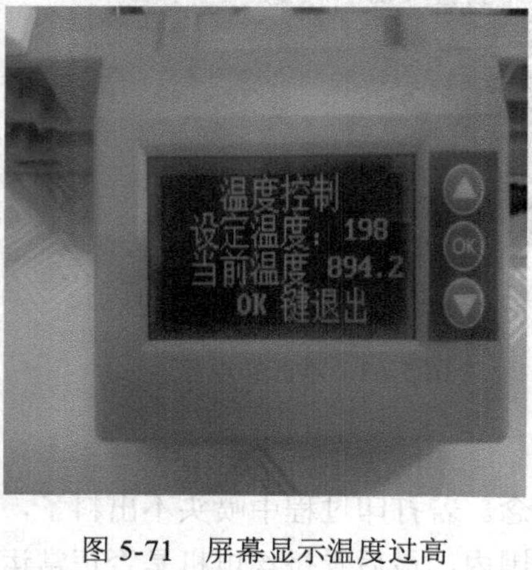

图 5-71 屏幕显示温度过高

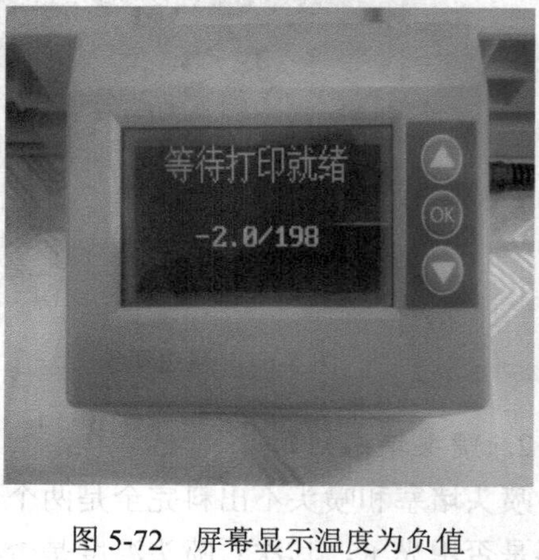

图 5-72 屏幕显示温度为负值

4. 用 U 盘上传作品问题

很多初学者网上找好模型时就迫不及待地想要尝试打印，但传输到打印机的时候往往屏幕上会显示出错，如图 5-73 所示。这有可能是文件格式不正确，又或者 U 盘里文件太多，系统难以识别。如果不是这两种情况，建议用 Win7 系统的电脑格式化 U 盘再重新传输文件。

图 5-73 传输错误

5. 喷头底座问题

喷头需要用底座来固定，但如果打印前料没有完全进入喷头以及喷头堵料未及时发现，都有可能让喷头一直处于空加热状态，导致喷头积聚了大量的热量，使得与喷头相连的底座的热量也积聚增加，达到一定程度底座就会使底座产生变形，如图 5-74 所示。一旦出现这种状况就会影响打印作品的精度，甚至还会影响第一层的打印质量。因此如果发现底座变形就必须立即更换。

图 5-74 喷头座变形

3D 打印技术作为一种数字化的直接制造技术，它最大限度解除了传统制造条件对创新设计的约束，大大降低了创新创造的门槛，成为驱动创新大众化的重要技术。

创新不是水中花、镜中月，也不是停留在口头上的“高大上”，只要敢于尝试、善于动脑、用心投入，大家就会成为创新创造的“创客”，而不再是创新实践的“看客”。

创新还可以从爱玩会玩着眼，玩得更加真实、更加有意思，玩得更加“高大上”，玩出真本领。创新没有界限，没有极限，且永无止境。

第 6 章

应　用　案　例

◎**什么是创新?**

创新是指以现有的思维模式提出有别于常规或常人思路的见解为导向，利用现有的知识和物质，在特定的环境中，本着理想化需要或为满足社会需求，而改进或创造新的事物、方法、元素、路径、环境，并能获得一定有益效果的行为。

完成所有创新工作后，当然就要充分展示和分享我们的打印成果了！首先，要根据预设的功能目标将其应用到预定的场景中；其次，可以将自己的打印成果通过微信、QQ、社区等平台展示给周围的朋友和全世界的人们；最后，鼓励将自己的制作经验、心得体会，乃至原创模型等分享给他人。

本章节将和大家一起分享一些创新成果。

6.1　案例一——基于 CATIA 的逆向产品造型设计

本案例将介绍使用三维扫描仪进行数据采集后，应用 CATIA 软件进行逆向设计的过程。三维扫描仪选用天津微深科技有限公司的结构光扫描仪，产品型号是 VTOP300T，设备具体参数见表 6-1。

表 6-1　　VTOP300T 设备参数

扫描方式	非接触式面结构光
操作界面	中文
分辨率/单位：像素	≥500 万，单色
单次最小测量幅面/mm^3	90×60×60
单次最大测量幅面/mm^3	520×370×370
扫描精度/mm	多幅拼接精度 0.005
扫描距离/mm	100～1250 可调
单幅测量时间/s	<3
测量点距/mm	0.03～0.18

续表

光栅技术	多频相移蓝光光栅
拼接方式	全自动纹理拼接、标志点拼接
操作系统	兼容 Windows/2000/XP/Vista/Win7/Win8/Win10
工作温度、电源	–10～45℃、100～240V AC

1. 数据获取

（1）根据被扫描物件尺寸，调节扫描仪幅面。幅面大小决定了物件在扫描时所需要的拼接数量，所以根据不同的扫描物体，幅面要调节到合适的尺寸，进而优化整体的扫描过程。

（2）相机的标定。用扫描仪进行数据采集时，被测物体表面的三维空间位置信息与其所成像中的对应点云之间的相互关系，是由相机捕捉到的几何模型决定的，模型的参数就是相机参数，通常确定这些参数的过程就被称为相机标定。标定完成窗口如图 6-1 所示。完成以上操作步骤就可以开始进行三维扫描了。

图 6-1　标定完成窗口

（3）将扫描仪光机投射出的十字光栅对准被扫描物件，通过多次扫描采集物件点云。如图 6-2 所示。

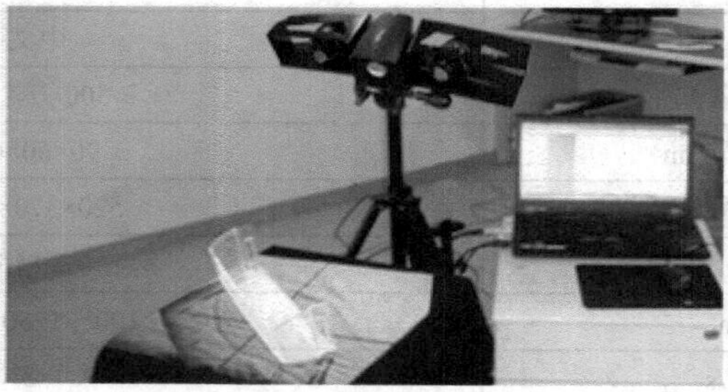

图 6-2　注塑件原型及三维扫描实景

（4）扫描仪软件会自动拼接多次扫描的数据并去除重点、杂点等。点云导出设置如图 6-3 所示。

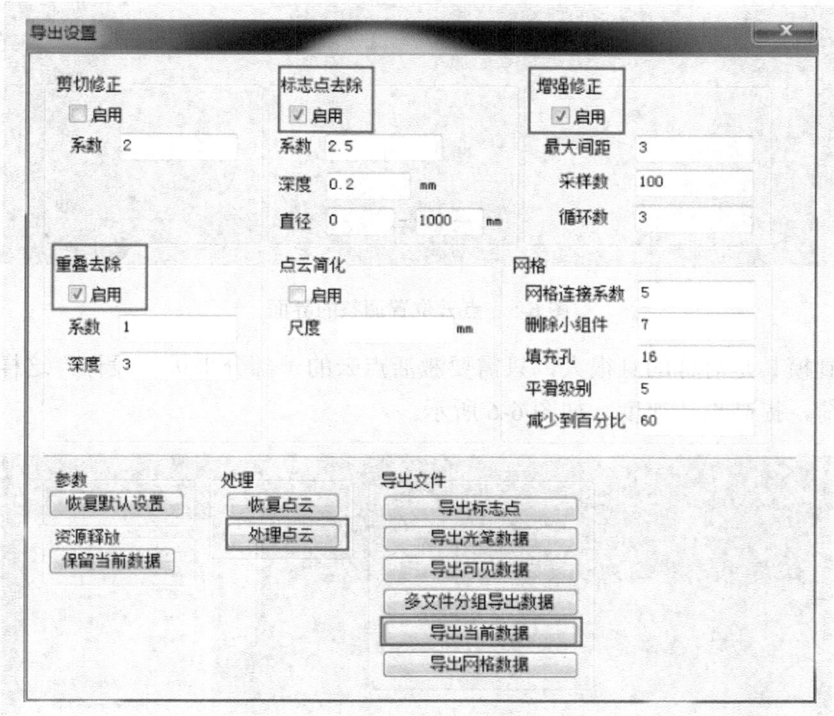

图 6-3　点云导出设置

2．逆向设计

（1）打开 CATIA 软件，在 digitized shape editor 模块下单击“Import”命令，选择文件然后单击应用“确定”，将点云文件导入到软件，如图 6-4 所示。

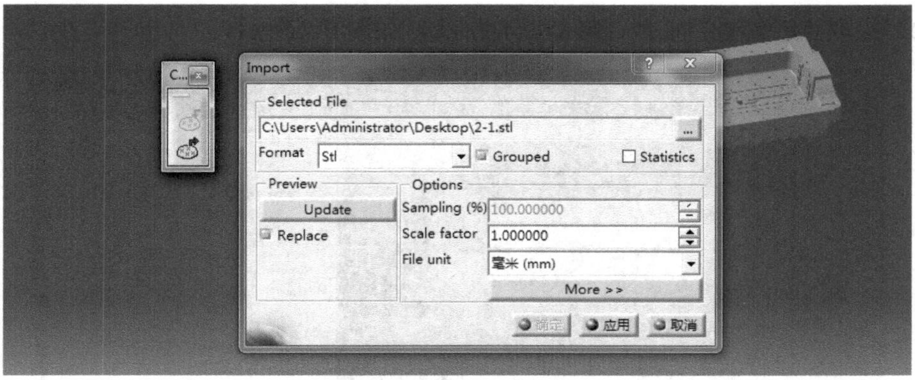

图 6-4　文件的导入对话框

若点云的坐标是任意位置的，需要根据点云的结构进行摆正，如图 6-5 所示。

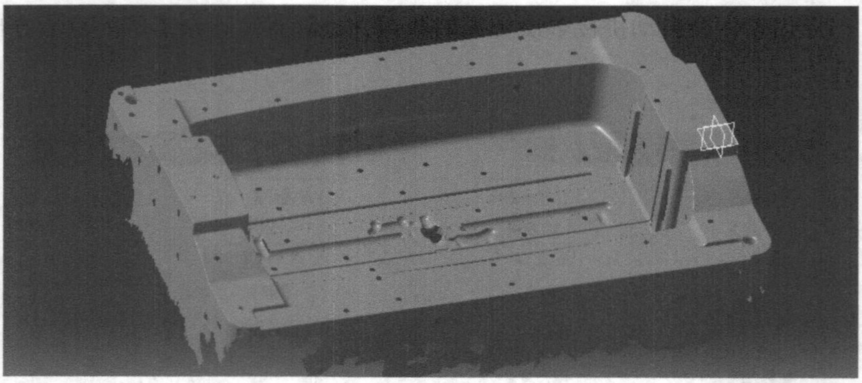

图 6-5　点云位置调整的界面

考虑到模具是对称的且很大，只需要激活点云的一部分来进行设计，这样可以减少电脑的负荷，提高设计速度，如图 6-6 所示。

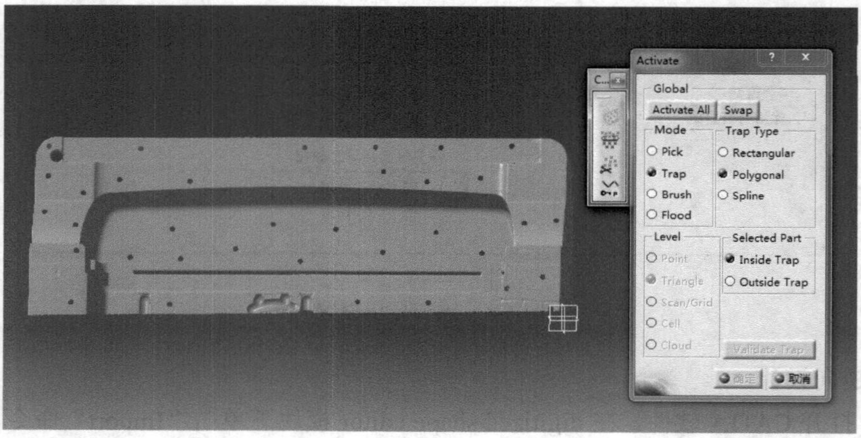

图 6-6　部分点云的激活对话框

（2）提取点云的重要曲线、腰线、轮廓线，如图 6-7 所示。

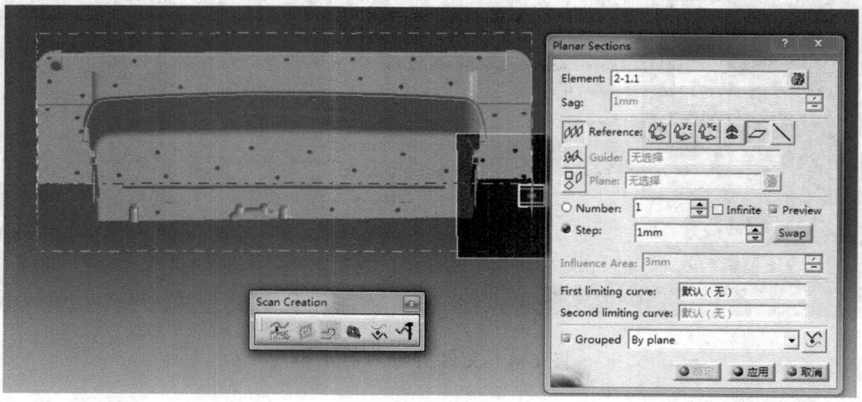

图 6-7　点云的线提取对话框

（3）对曲线进行拉伸、扫掠、填充，拟合出面体，如图 6-8 所示。

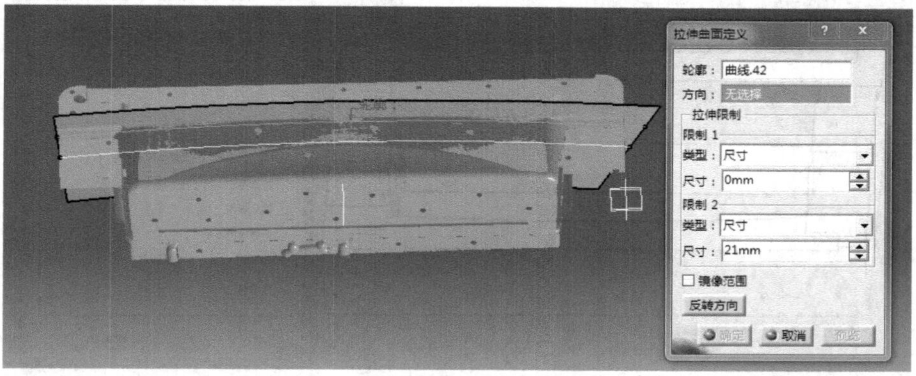

图 6-8 曲线的三维操作对话框

（4）对拟合的曲面进行裁剪、缝合，如图 6-9 所示。

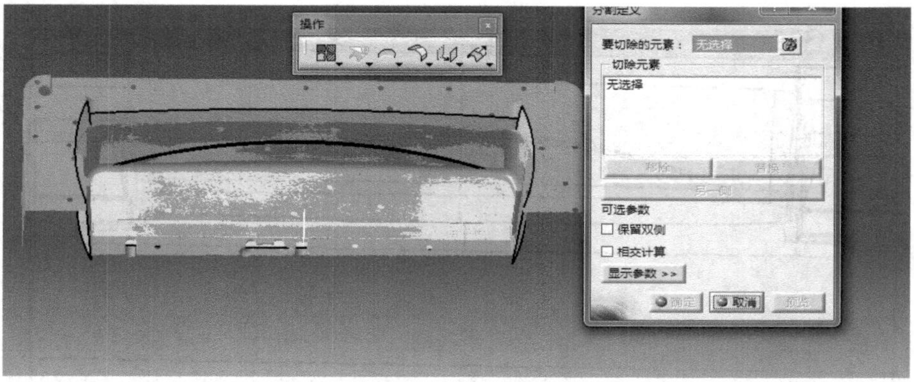

图 6-9 曲面的处理对话框

（5）根据不同的物体，根据对称面，对曲面进行镜像、偏移处理，如图 6-10 所示。

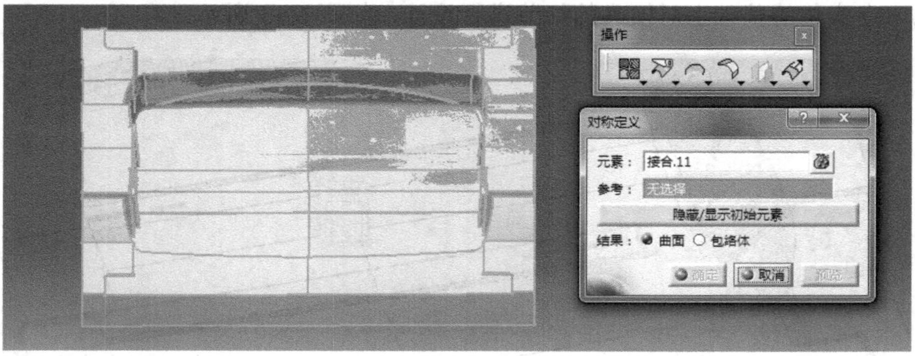

图 6-10 曲面的处理对话框

（6）对曲面进行裁剪、缝合、倒角，如图 6-11 所示。

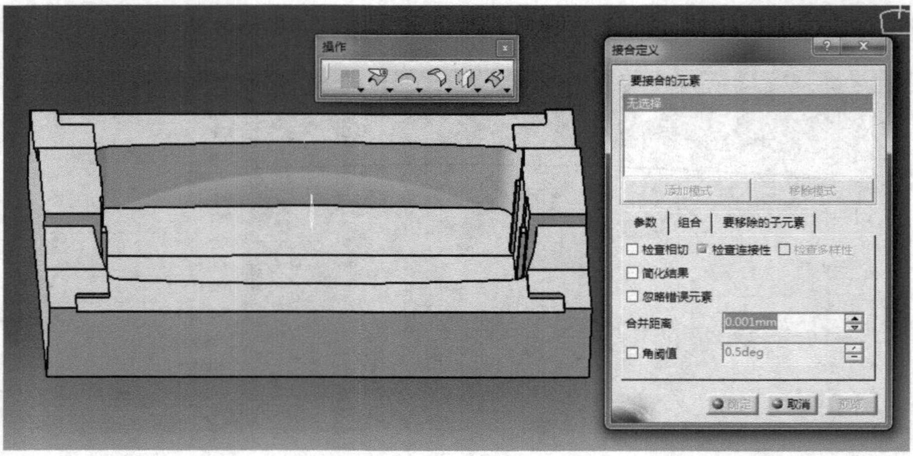

图 6-11　曲面的细节操作对话框

（7）在零件设计模块，运用封闭曲面命令，将面体转化为实体，如图 6-12 所示。

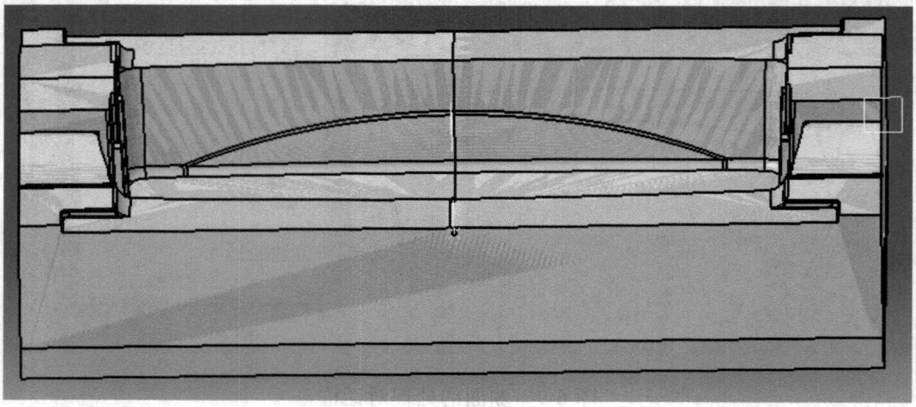

图 6-12　曲面转实体的界面

（8）在实体的基础上对模具的细节进行设计，如图 6-13 所示。

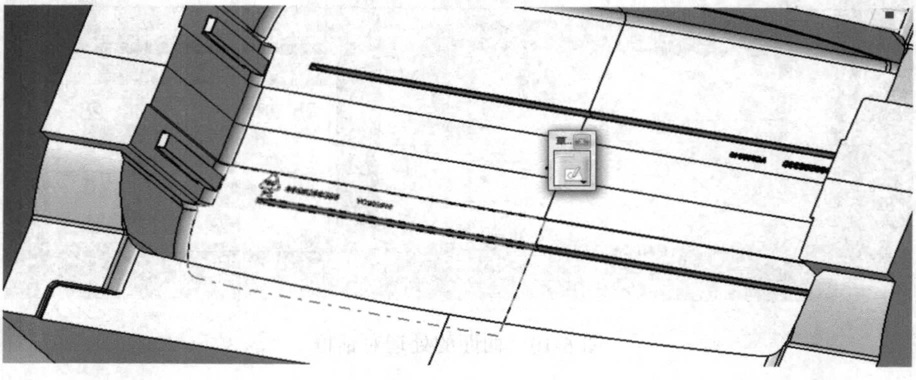

图 6-13　实体的细节界面

（9）最终的实体进行整理，检查确认，如图 6-14 所示。

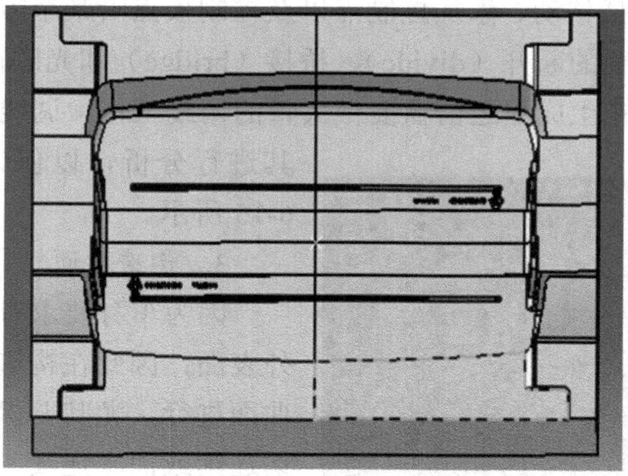

图 6-14　实体的检查界面

6.2　案例二——逆向设计产品的 UG 造型设计

本案例介绍 UG 软件在外形复杂的汽车冲压件的逆向造型设计中的应用。逆向工程中的数据获取方式，根据测量原理和设备的不同，可分为接触式和非接触式。三坐标测量仪是典型的以接触式方式获取数据的设备，而采用光学原理进行数据获取的就是非接触式。光学三维扫描仪是典型的非接触式数据获取设备，扫描数据可以用来测量特征的空间坐标、扫描剖面、测量分型线以及轮廓线。

1. 数据点的输入

UG 的逆向造型遵循：点→线→面→体的一般原则。用 UG 软件做逆向工程，使用的测量设备大多都是接触式手动三坐标划线机，主要针对剖面、轮廓和特征线进行测量，测量的数据点不是很多，UG 处理起来也比较容易。但是本文的车模型扫描测到的数据点多达 30 万个，这么多的数据点输入 UG 非常困难，因此需要在 Surfacer 软件里对点云数据进行除噪、稀疏等预处理。而为了准确地保持原来的特征点和轮廓点，需要提前大体构造轮廓线和特征线，和点云数据一起导入 UG 中。

2. 通过点构造曲线

（1）在连线过程中，一般是先连特征线点，后连剖面点。在连线前应有合理的规划，根据此车的形状和特征确定如何分面，以便确定哪些点应该连接，并对以后的构面方法做到心中有数，连线的误差一般控制在 0.4mm 以下。

（2）常用到的是直线、圆弧和样条线（spline），其中最常用的是样条线。一般选用“throughpoint”方式，阶次最好为 3 阶，因为阶次越高，柔软性越差，即变形困难，且后续处理速度慢，数据交换困难。

（3）因测量时有误差以及模型外表面不光滑等原因，连成的样条线不光顺时还需要进行调整，否则构造出的曲面也不光滑。调整时常用的一种方法是 Edit Spline，一般常用 Edit pole 选项，包括移动、添加控制点以及控制极点沿某个方向移动，方便对样条进行编辑。此外，曲线的断开（divide）、桥接（bridge）和光顺曲线（Smooth spline）也经常用到。总之，在生成面之前需要做大量的调线工作，调线时可以使用曲率梳对其进行分析，以保证曲线的质量，如图 6-15 所示。

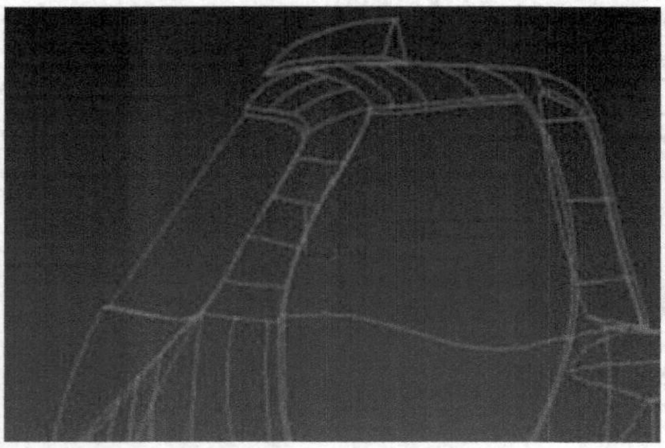

图 6-15　构造的曲线

3. 构造曲面

因为车身要求有流畅的外形、光顺的外表面，因此在构造曲面时，要分成若干曲面进行，尤其要保证面和面之间能够相切连续或曲率连续，这样才能形成一个没有接痕的曲面。另外，构造曲面时，还要根据具体情况选择合适的构造方法。构造曲面的方法如下：

（1）最常用的构造方法是 Though Curve Mesh，不仅可以保证曲面边界曲率的连续性，还可以控制四周边界曲率（相切），而 Though curves 只能保证两边曲率。

（2）使用较多的还有 nxn 命令，可以动态显示正在创建的曲面，还可以随时增、减定义曲线串，而曲面也将随之改变。同样，还可以保持与相邻面的 G0、G1 以及 G2 连续。

（3）在构造曲面时，经常会遇到三边曲面和五边曲面。一般做条曲线，把三边曲面转化为四边曲面，或将边界线延伸，把五边曲面转化成四边曲面，用以重构曲面。其中，在曲面上，做样条线（curve on surface）和修剪（trim）是常用到的两个命令，如图 6-16 所示。

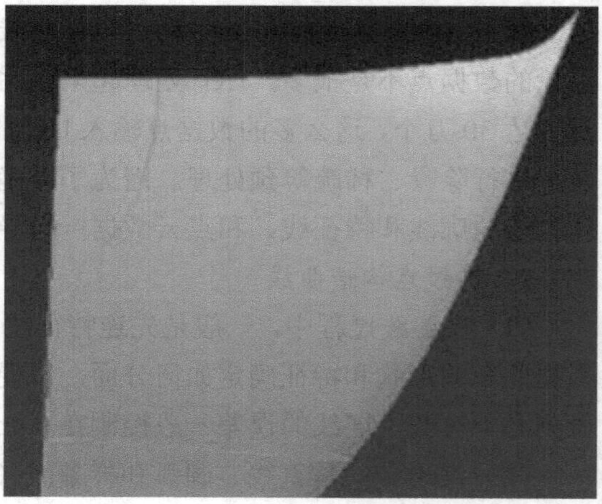

图 6-16　构建的三角面

（4）构造完外表面，要进行镜像处理。在曲面的中心处常会出现凸起，显得曲面不光顺，一般都是把曲面的中心处剪切掉，然后通过桥接使之平滑。

（5）构造曲面时，两个面之间往往有“折痕”，曲面很不光顺，主要是因为两个面相切不连续造成的。要解决这个问题，可以通过 Though curve mesh 设置边界相切连续选项，还可以在构造曲面后选择 match edge（NX3）选项，使两个曲面的边界相匹配，从而使曲率连续。另外，即使两个曲面不相接，match edge 命令也可以将一个曲面的边界自动延。

（6）在构造单张且较为平坦的曲面时，直接用点云构面（from point cloud）将会更方便、更准确。有时面之间的空隙需要桥接（Bridge），以保证曲面光滑过渡。当曲面求交时，进行圆角处理也会使两曲面圆滑过渡。

构造曲面应注意的几个问题。

（1）构面最关键的是抓住样件特征，还需要简洁，曲面面积尽量大，而张数不要太多。另外，还要合理分面以提高建模效率。

（2）在构建曲面过程中，有时需要再加连一些线条，以便构造曲面，连线和构面需要经常交替进行。曲面建成后，要检查曲面的误差，一般测量点到面的误差不要超过 1mm。

（3）构造曲面阶次要尽量小，一般推荐为 3 阶。因为，高阶次的片体使其与其他 CAD 系统间成功交换数据的可能性减小，其他 CAD 系统也可能不支持高阶次的曲面。阶次高，则片体比较“刚硬”，曲面偏离极点较远，在极点编辑曲面时很不方便。另外，阶次低有利于增加一些圆角、斜度和增厚等特征，便于下一步编程加工，提高后续生成数控加工刀轨的速度。

4. 构造实体

构建完外表面后，需要构建实体数字模型。如果模型较简单且曲率变化不大时，可把它们缝合成一个整体，再使用增厚指令就可建立实体，但在大多数情况下却不可能实现，对本例中的模型更是如此。如果把外表面缝合成一个整体，再把车底补面成为一个封闭的片体，从而成为一个实体，但由于车底部曲面的曲率变化比较大，往往实现不了抽壳命令。因此，首先需要先偏置外表面的各个片体，再构建出内、外表面的横截面，最后把做出的横截面和内、外表面缝合起来，使之成为封闭的片体，从而自动转化为实体，此过程一般包括以下四个方面。

（1）曲面的偏值。用 Offset 指令同时选中多个面或全选以提高效率。小车外表面各个片体偏值的情况，如图 6-17 所示。

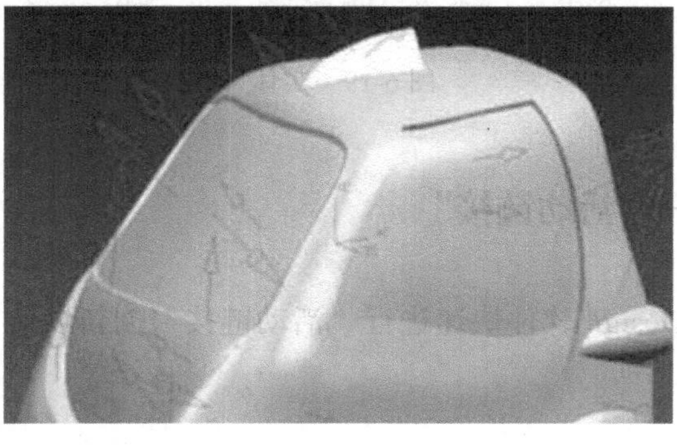

图 6-17　曲面的偏值

图 6-17 中的箭头表示偏值的方向，如果箭头反向，只要输入负值即可。不是任何曲面都能够实现偏值，不能实现偏值的原因有：①曲面本身曲率太大，基本曲面有法线突变的情况；②偏值距离太大而造成偏值后自相交，导致偏值失败；③被偏值曲面的品质不好，局部有波纹，只能修改好曲面后再进行偏值；④还有一些曲面看起来很好，但就是不能偏值，遇到这种情况可用 Extract Geometry 转化成 B 曲面后再进行偏值。以上四种情况在构造曲面时都可能遇到，要学会分析其原因。

（2）曲面的缝合。

偏值后的曲面还需要裁剪或者补面，用各种曲面编辑手段构建内表面，然后缝合内表面和外表面。缝合时，经常会缝合失败，一般有下列几种可能。

1）缝合时，缝合的片体太多。应该每次只缝合少数几个片体，需要多次缝合。

2）缝合公差小于两个被缝合曲面相邻边之间的距离。遇到此类问题，一般是先加大缝合公差后，再进行缝合。

3）两个表面延伸后不能交汇，边缘形状不匹配。如果片体不是 B 曲面，则需要先将片体转化为 B 曲面，使之与对应的另一片体的边匹配，再进行缝合。

4）边缘上有难以察觉的微小畸形或其他几何缺陷。可局部放大，对表面进行分析并检查几何缺陷，如果确实存在几何缺陷，则修改或重建片体后重新缝合。

（3）缝合的有效性最后需要注意的是，虽然执行了缝合命令，计算机也没有给出错误提示，看似缝合成功，其实未必。有的片体在缝合完成后，放大时会看到有亮显点或亮显线，甚至还有空隙。因此，在缝合完成后，一定要立即检查缝合的有效性。若在缝合线上出现了亮显点或亮显线，就意味着此部位没有缝合成功，必须取消缝合操作，重新进行缝合，否则将给后续的实体建模工作带来困难，但如果仅外周边亮显，则说明缝合成功，如图 6-18 所示。

（4）生成实体。把内、外表面和横截面缝合成一个闭合的片体，则片体将自动转化为实体，如图 6-19 所示。

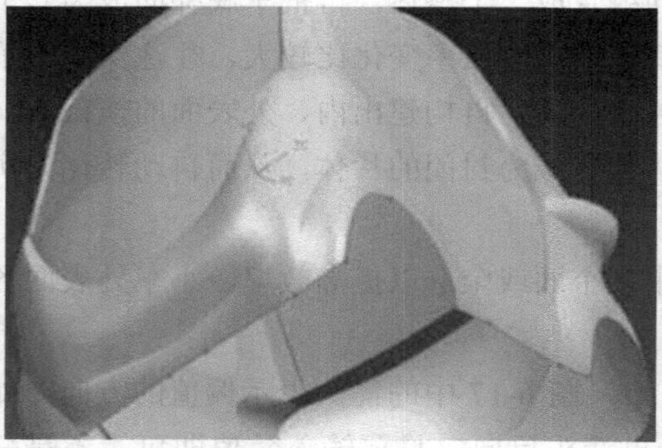

图 6-18　内外表面与横截面的缝合

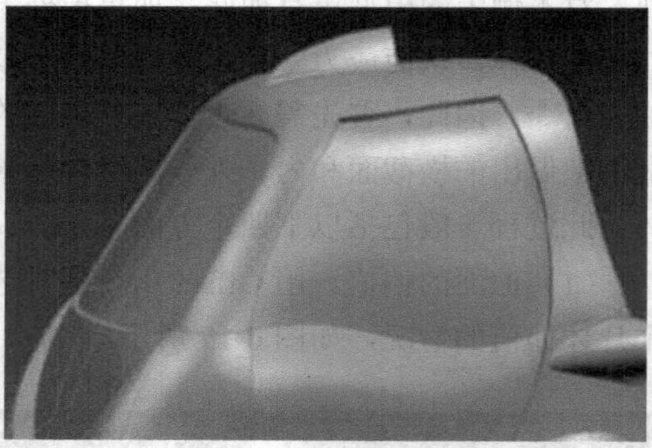

图 6-19　实体

6.3　案例三——“活动链接”

本案例为大家展现应用 Autodesk 123D Design 软件快速进行“活动链接”创新设计的过程，具体设计步骤如下。

1. 基本几何体的创建

单击建模工具栏内的基本体工具，然后在此工具栏内分别单击进行选型创建，如图 6-20 所示。

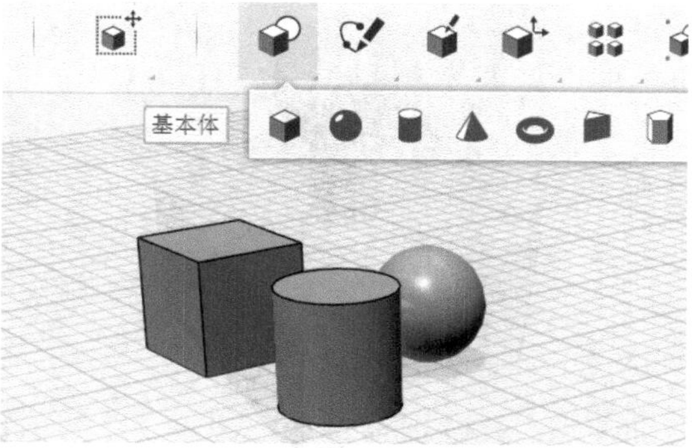

图 6-20 基本体的创建对话框

2. 基本体尺寸的修改

单击要修改尺寸的基本体，使用变换工具栏里的智能缩放工具，对基本体尺寸进行修改。将正方体尺寸设为 15mm×20mm×20mm，球体直径设为 10mm，圆柱底面直径设为 5mm，高度设为 8mm，如图 6-21 所示。

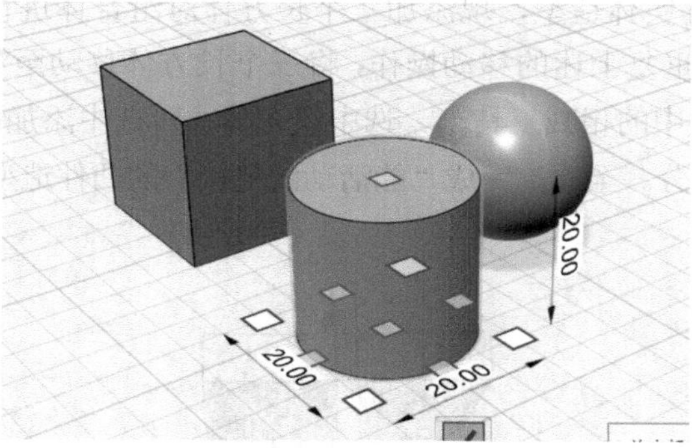

图 6-21 尺寸修改的界面

3. 基本体的移动

先单击要移动的基本体，然后使用变换工具栏的移动/旋转工具，进行基本体的移动，如图 6-22 所示。使用上述方法将基本体移动到最终位置，如图 6-23 所示。

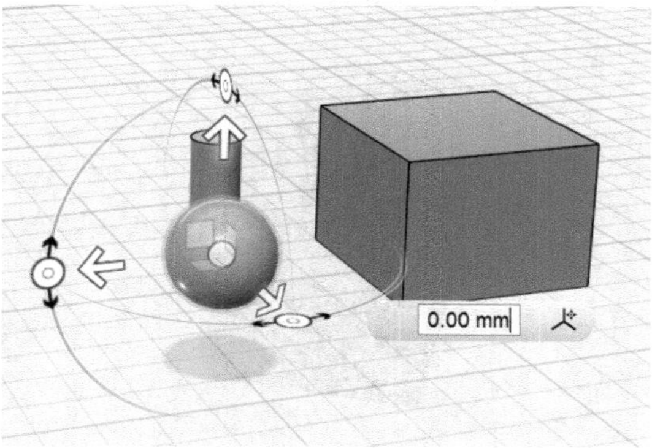

图 6-22 基本体的移动界面

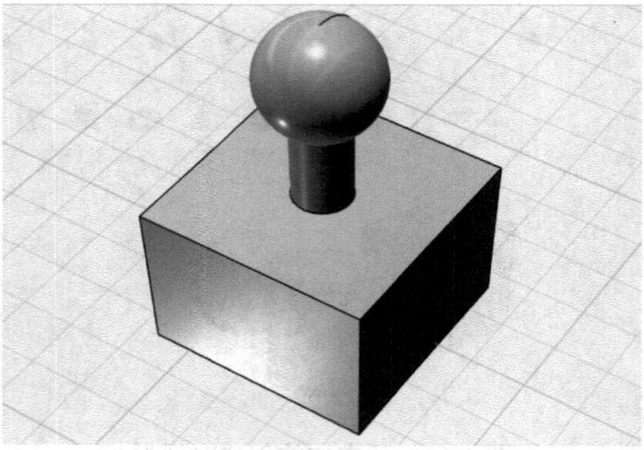

图 6-23　完成移动的基本体界面

4. 基本体的组合

使用合并工具栏 里的合并工具 ，对三个基本体进行合并，使之成为一个组合体。

5. 组合体的修整

为构造最终的凸件实体造型，现添加三个长方体对组合体进行切割，其中一个正方体的单边尺寸设为 2，重复上述的移动操作，将三个长方体移动至如图 6-24 所示的位置。另外，使用合并工具栏中的相减工具 ，选中组合体，再选中添加的三个长方体，回车后去除凸件造型的多余部分。至此，完成“能活动的链接”的凸件造型，如图 6-25 所示。

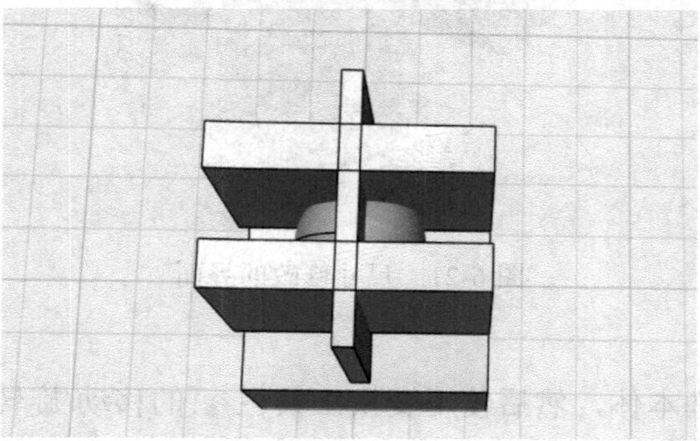

图 6-24　添加长方体的放置界面

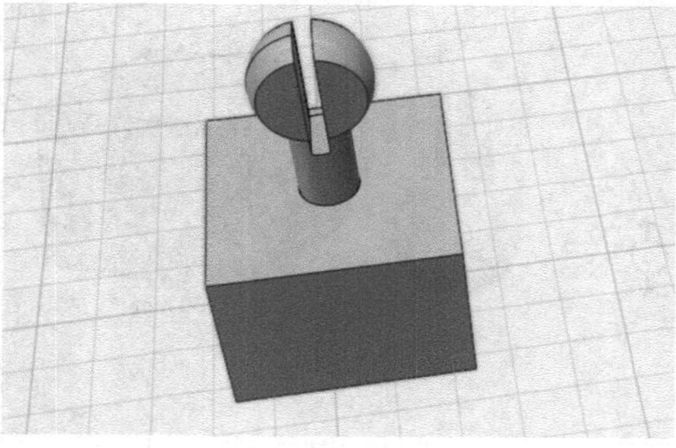

图 6-25　凸件造型的界面

6. “活动链接”的凹件造型

考虑到凹件与凸件的配合关系，需将凹件中的球体直径设为 10.8，重复凸件造型的第一步和第二步。在移动球体时，使球体露出部分的最大直径要比 5 大一些，重复凸件造型的第三步，如图 6-26 所示。同样的方法，在合并工具栏内找到相减工具，如图 6-27 所示完成凹件的造型。

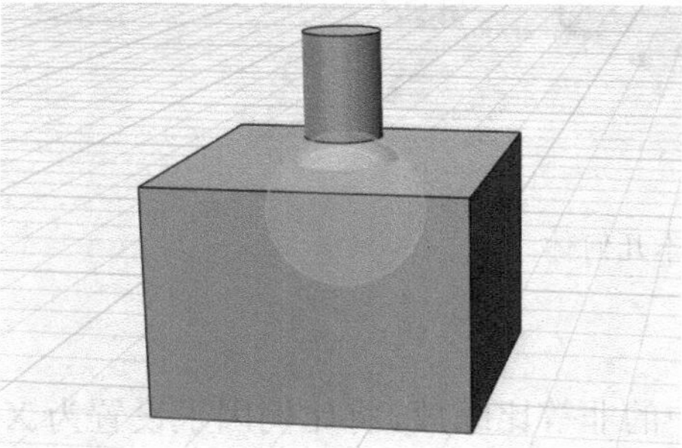

图 6-26　移动的位置界面

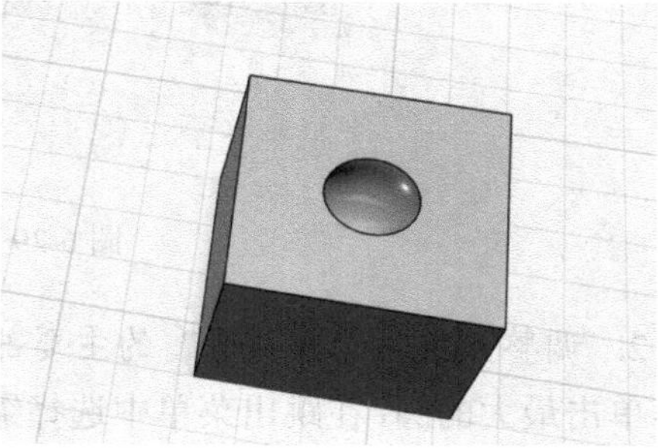

图 6-27　凹件造型的界面

7. “活动链接”创新设计的成果展示

“活动链接”创新设计成果如图 6-28 所示。

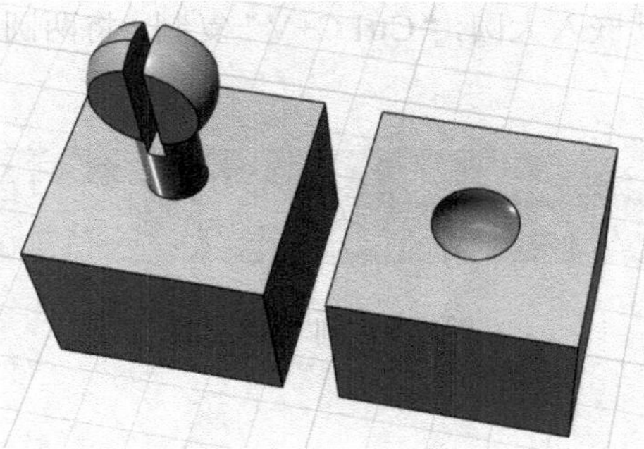

图 6-28　“活动链接”创新设计成果

6.4　案例四——“猫头鹰印章”

本案例为大家展现应用 Autodesk 123D Design 软件快速进行“猫头鹰印章”创新设计的过程，具体设计步骤如下。

1. 基本几何体的创建

单击建模工具栏内的基本体工具，再多次单击，分别设置圆的半径为 25、5、2、2、9；然后单击，设置半球体半径分别为 15、5、10mm；单击，设置正方体边长分别为 20、50mm；单击，设置圆柱体底面半径分别为 0.5、0.9mm；最后单击，设置圆环主半径 10mm，次半径 1mm。如图 6-29 所示。

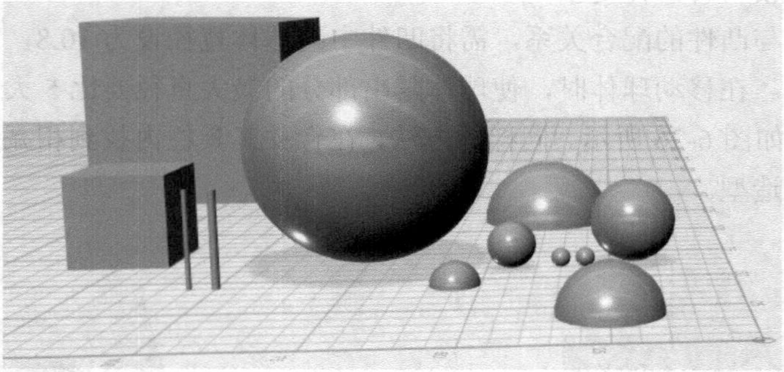

图 6-29　添加基本几何体

2. 调整并组合“猫头鹰”的主要部分

单击最大的圆，在跳出菜单中选择缩放中的非等比缩放，将比例因子设置为 X=1、Y=1、Z=1.05，如图 6-30 所示。

同理，将半径为 9mm 的圆进行非等比缩放对圆的大小形状进行调整，以达到合适的效果。利用菜单中的和多角度旋转圆并移至合适位置，插入大圆，形成猫头鹰的翅膀。按“Ctrl C+V”复制该圆，做好另一边的翅膀，如图 6-31 所示。同理缩放半径为 5mm 的圆、移动并将其嵌入大圆，“Ctrl C+V”复制，将两圆嵌入猫头鹰身。如图 6-32 所示。

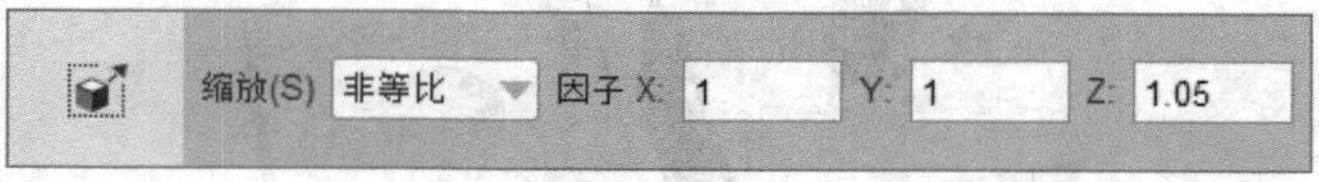

图 6-30　非等比缩放

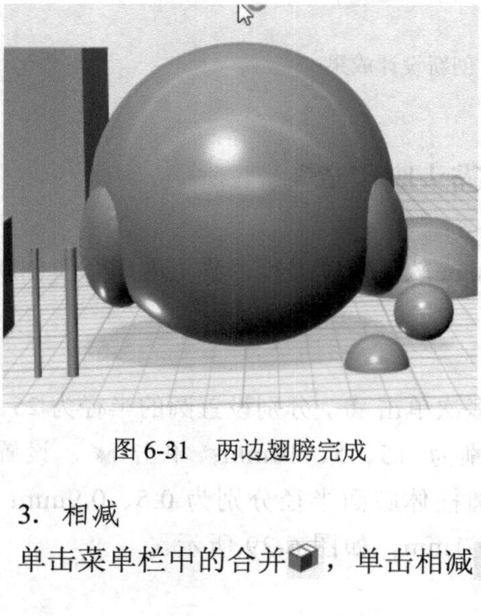

图 6-31　两边翅膀完成

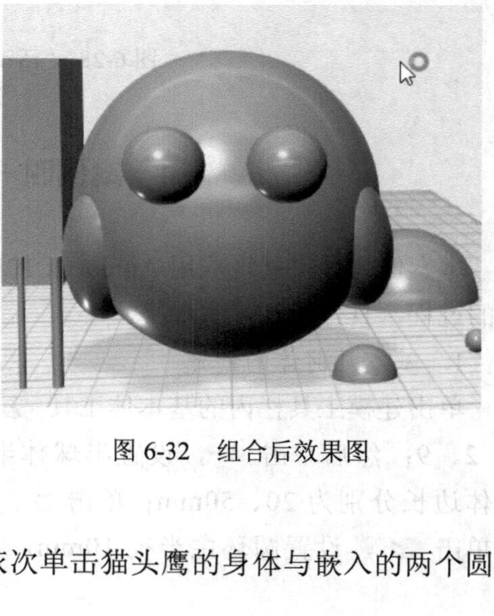

图 6-32　组合后效果图

3. 相减

单击菜单栏中的合并，单击相减，依次单击猫头鹰的身体与嵌入的两个圆，回车确定，形成两个眼窝。如图 6-33 所示。

移动边长为 50mm 的正方体，至猫头鹰身体的下方，重合一部分。同样利用“相减”，依次单击身体与正方体，做出底座。复制边长为 20mm 的正方体，移动至半径为 10mm 的半球体上，“相减”做出帽檐，非等比缩放至合适大小。

4. 抽壳

单击菜单栏修改图标，并单击抽壳和半径为 15mm 的半球体并将内侧厚度修改为 0.4mm。同上，利用“相减”“移动”半径为 15mm 和 5mm 的半球体，做出帽子的主体型。如图 6-34 所示。

图 6-33　形成眼窝

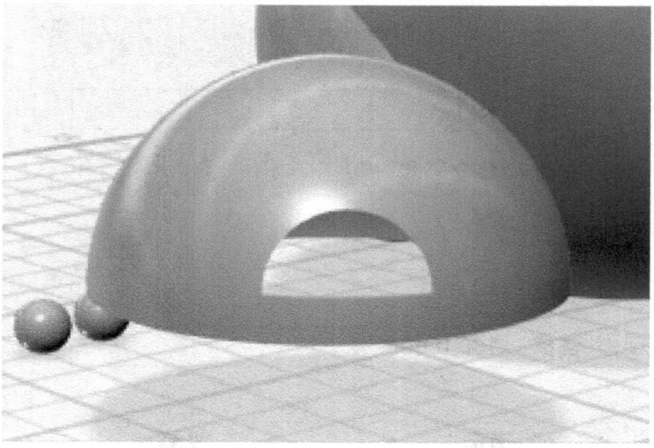

图 6-34　帽子主体型

5. 脸部及其余造型

第一步有遗漏，添加几何体作为耳朵，“移动”“复制”“旋转”“缩放”至合适位置。同理调整其余部分的位置。最终如图 6-35 所示。单击菜单中的修改，单击圆角，单击眼窝线框，设置圆角半径为 3mm。同理设置帽檐圆角半径为 1.75mm，帽子厚度的内边框圆角半径为 2mm，耳朵正面线圆角半径为 3mm，如图 6-36 所示。

图 6-35　美化边缘

图 6-36　美化后

6. 合并

单击上方菜单栏，单击和主体及各部分，回车确定形成一个整体。

7. 设置字体

单击上方菜单栏T，输入文本“卡门”，字体设置为“华文新魏”、“加粗”，高度为10mm，角度为180deg，单击“确定”按钮。如图6-37所示。单击字体出现，单击设置距离为1mm，回车确定。

添加一个大于猫头鹰整体的正方体，置于猫头鹰一侧。单击菜单栏，单击镜像，依次单击猫头鹰和正方体较靠外的一面，回车确认，如图6-38所示。

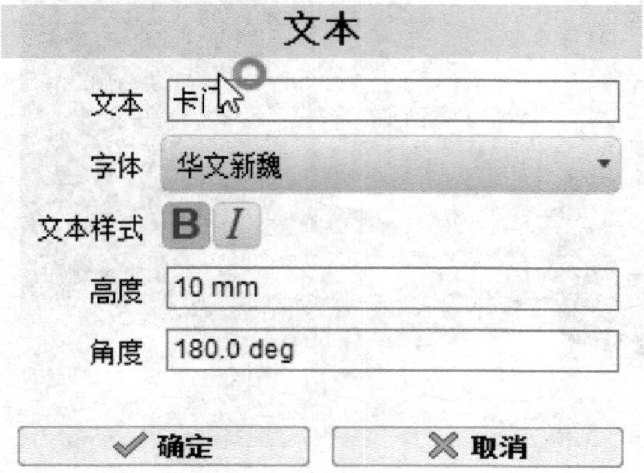

图6-37　字体设置界面

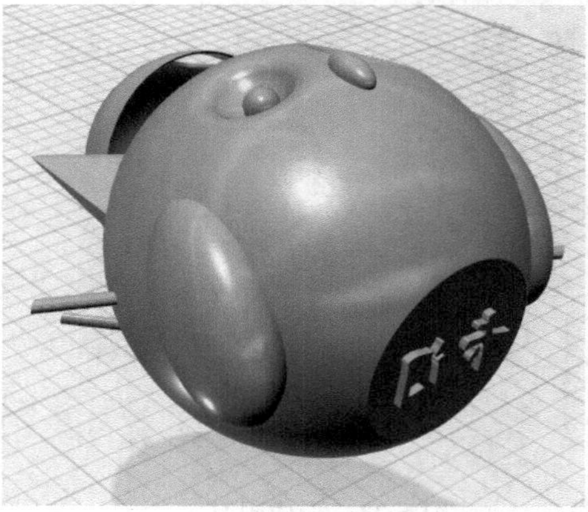

图6-38　镜像后的字

8. 成果展示

“猫头鹰印章”的创新设计及3D打印成果如图6-39所示。

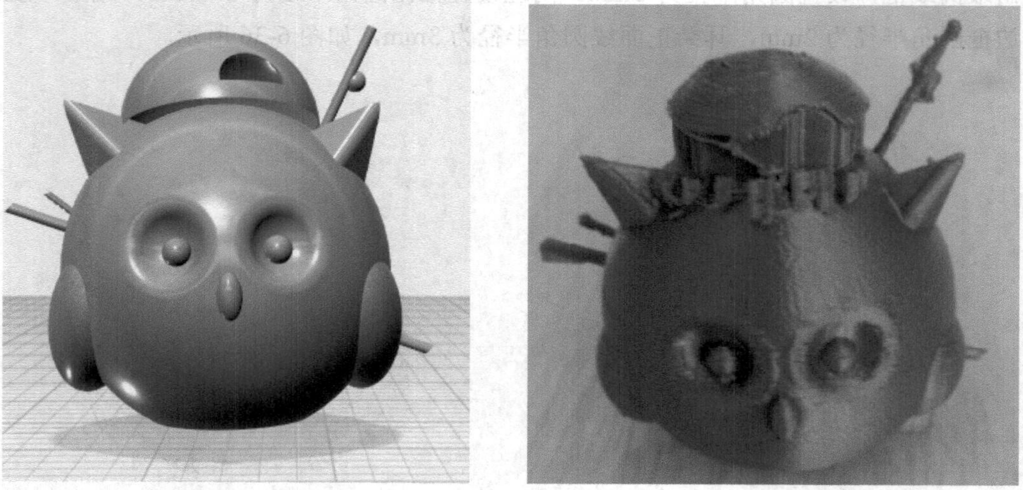

图6-39　“猫头鹰印章”打印成果

6.5　案例五——“长尺魔方”

本案例为大家展现应用 NX10.0 软件快速进行“长尺魔方”创新设计的过程，步骤如下。

1. “长尺魔方”主体的创建

（1）创建草图平面：单击“插入”，选择“基准/点→基准平面”，选择 XY 面；

（2）主体草图的绘制：在创建的 XY 面上，绘制如图 6-40 所示的草图；

（3）主体三维的创建：单击“插入”，选择“设计特征→拉伸”，参数设置如图 6-41 所示。

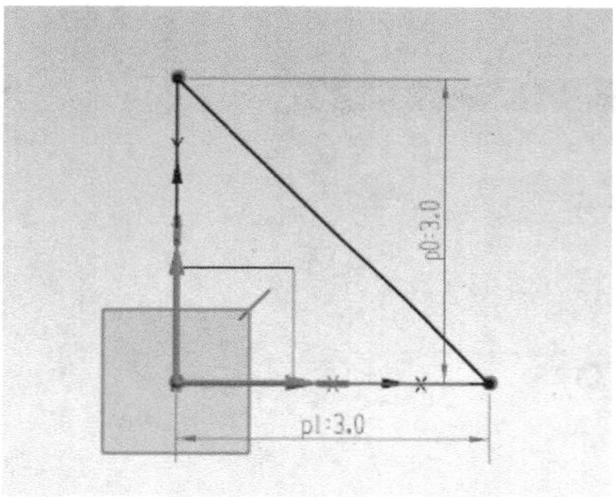

图 6-40　主体草图界面

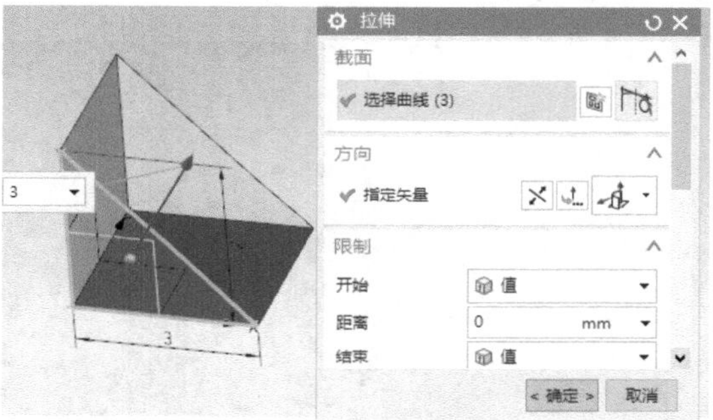

图 6-41　主体三维造型对话框

2. “长尺魔方”局部的创建

（1）草图平面创建：单击“插入”，选择“创建平面”，在“现有平面”上创建草图，如图 6-42 所示。

（2）草图的绘制：在上述创建的平面中，绘制如图 6-43 所示的草图。

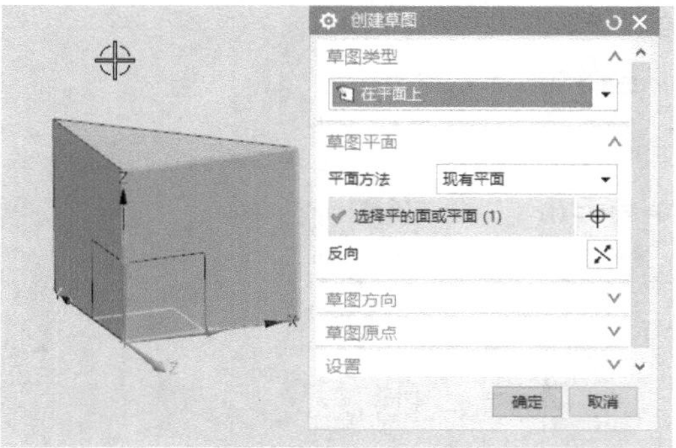

图 6-42　创建平面

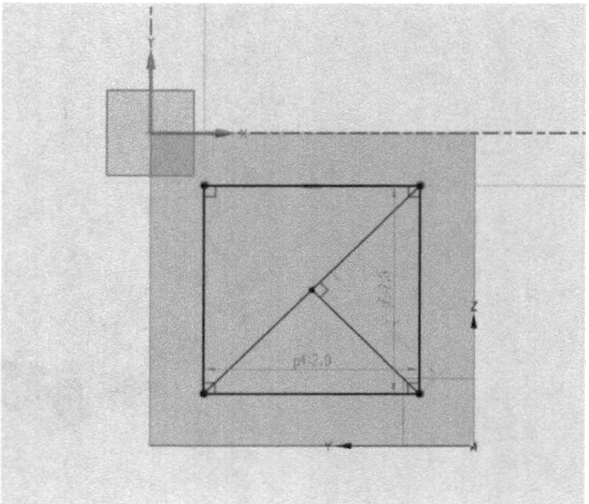

图 6-43　草图绘制

（3）添置球体：单击“插入”，选择“设计特征→球”在上述完成草图顶点插入直径为 0.5mm 的球体，参数设置如图 6-44 所示。

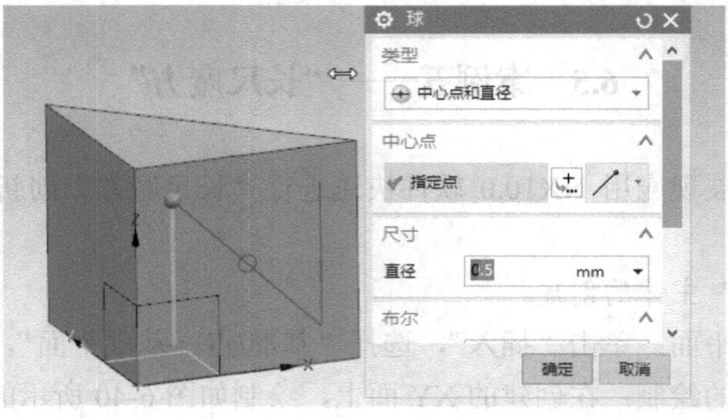

图 6-44　添置球体

（4）矩阵创建：单击“插入”，选择“关联复制→阵列几何特征”，参数设置如图 6-45 所示。

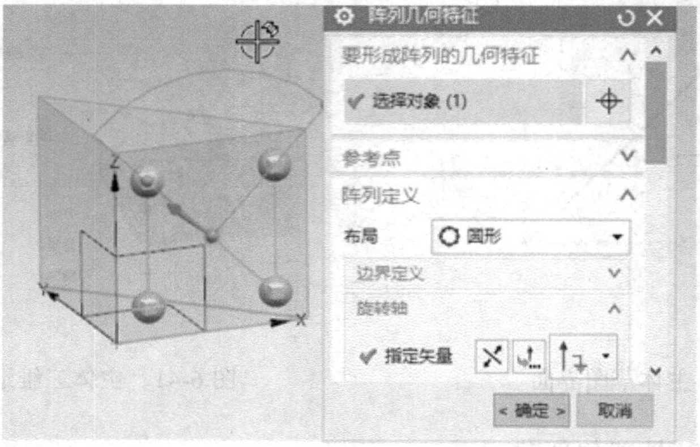

图 6-45　矩阵合并

（5）求差：单击“插入→组合→减去”，参数设置如图 6-46 所示。

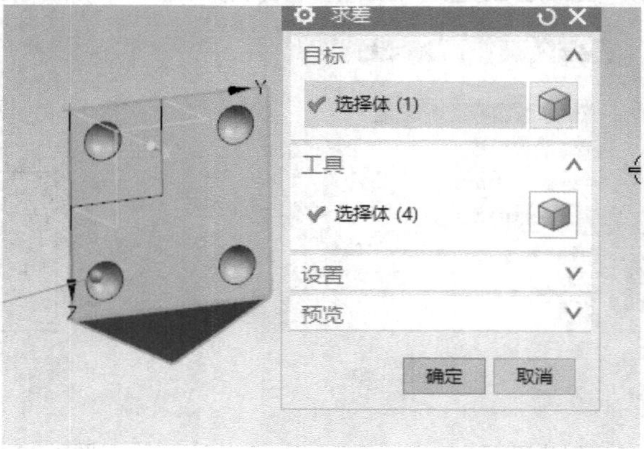

图 6-46　求差

（6）边倒圆设置：单击“插入”，选择“细节特征→边倒圆”，参数设置如图 6-47 所示。

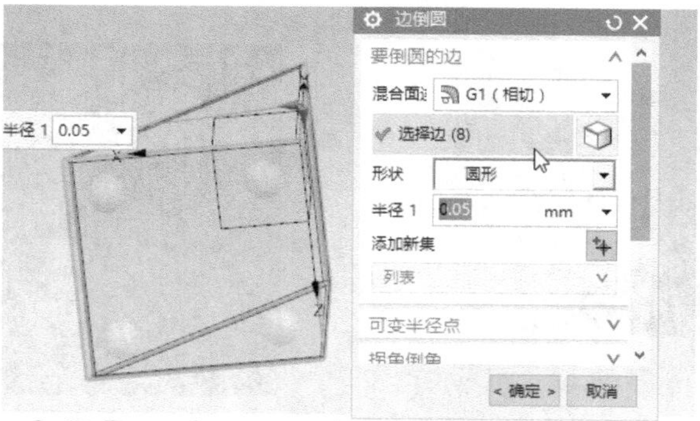

图 6-47　边倒圆

（7）创建草图平面：单击“插入”，选择“创建平面”，如图 6-48 所示。

（8）三维的创建：单击“插入”，选择“设计特征→拉伸”，参数设置如图 6-49 所示。

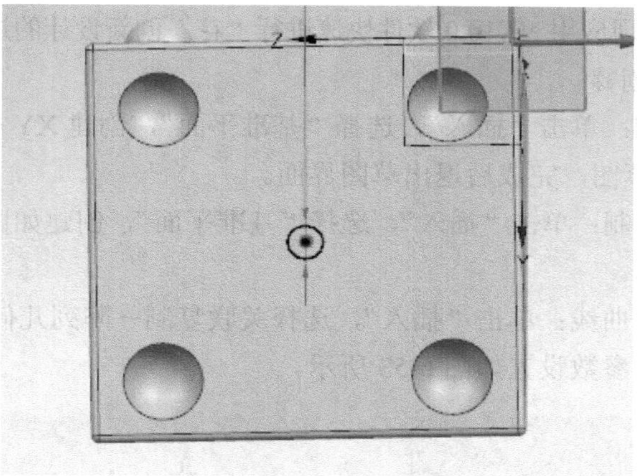

图 6-48　主体草图界面

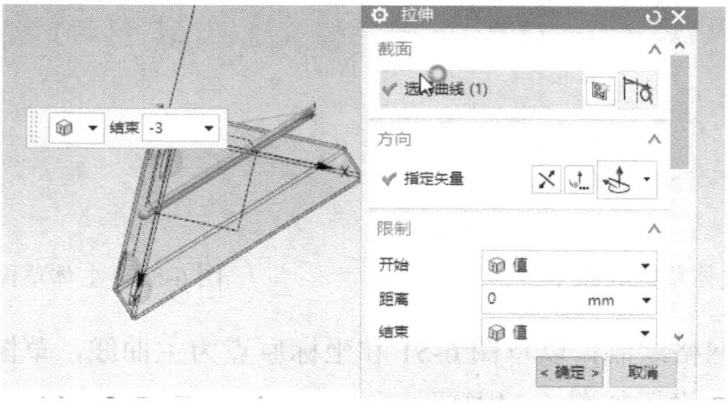

图 6-49　主体三维造型对话框

3. 长尺魔方的创新设计及 3D 打印成果展示

长尺魔方的创新设计效果和 3D 打印效果如图 6-50 所示。

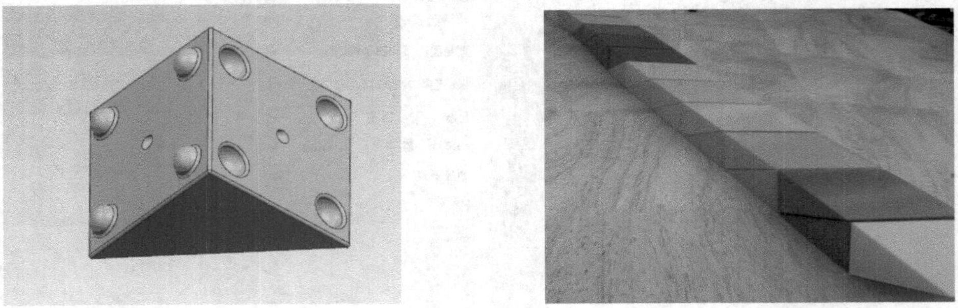

图 6-50　长尺魔方的创新设计及 3D 打印效果

6.6　案例六——“花”

本案例为大家展现应用 NX10.0 软件快速进行“花”创新设计的过程，步骤如下。

1．花瓣主体的创建

（1）主曲线绘制：单击“插入”，选择“基准平面”，创建 XY 平面为“基准平面”，创建如图 6-51 所示草图，完成后退出草图界面。

（2）交叉曲线绘制：单击“插入”，选择“基准平面”，创建如图 6-52 所示草图，具体参数设置如图所示。

（3）阵列交叉主曲线：单击“插入”，选择关联复制→阵列几何特征，以图 6-52 所示草图为选择对象，参数设置如图 6-53 所示。

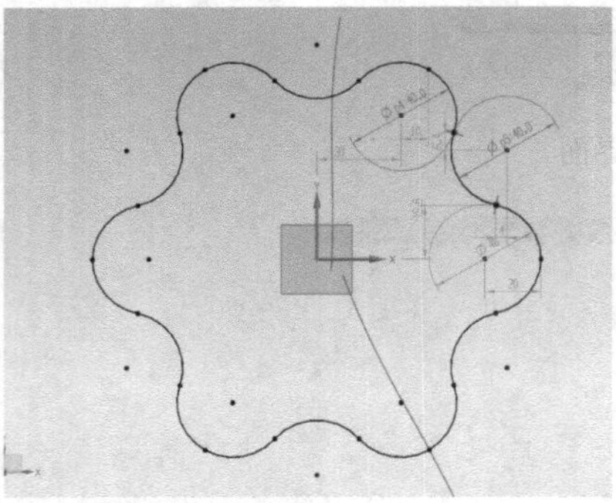

图 6-51　主体草图界面 1

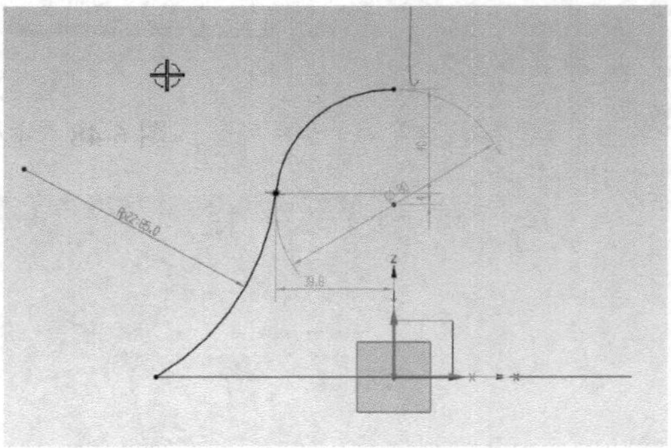

图 6-52　主体草图界面 2

（4）通过曲线网格绘制：以草图 6-51 和坐标原点为主曲线，草图 6-52 位交叉曲线，创建曲线网格，参数设置如图 6-54 所示。

（5）抽壳：移除面，然后抽壳，参数设置如图 6-55 所示。

2．花梗主体的绘制

（1）艺术样条绘制：单击“插入—曲线”，选择“艺术样条”，参数设置如图 6-56 所示；

（2）管道绘制：单击“插入—扫掠—管道”，以 6-56 所示艺术样条为路径，管道绘制如图 6-57 所示。

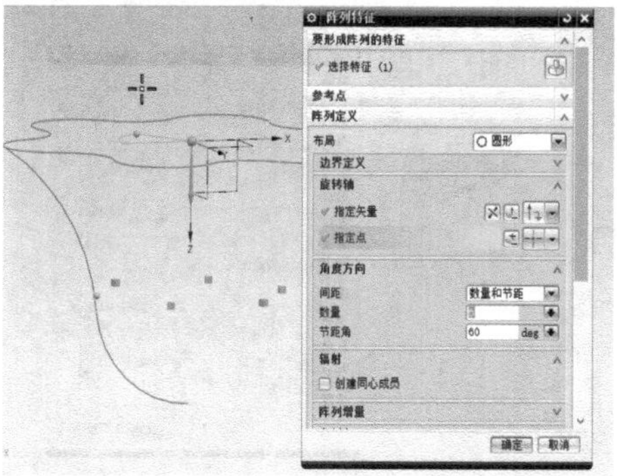

图 6-53 阵列特征

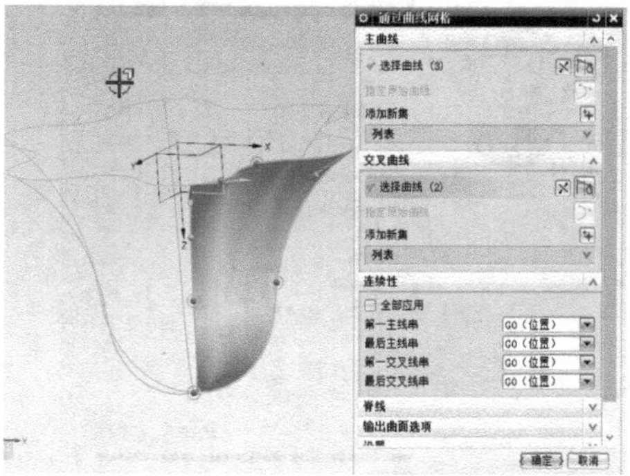

图 6-54 曲线网格绘制

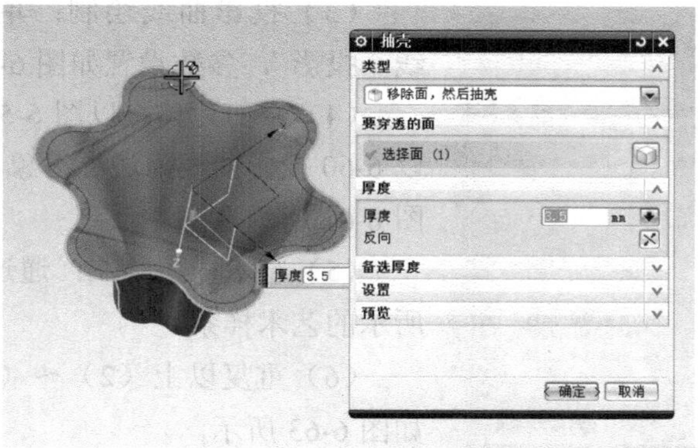

图 6-55 抽壳

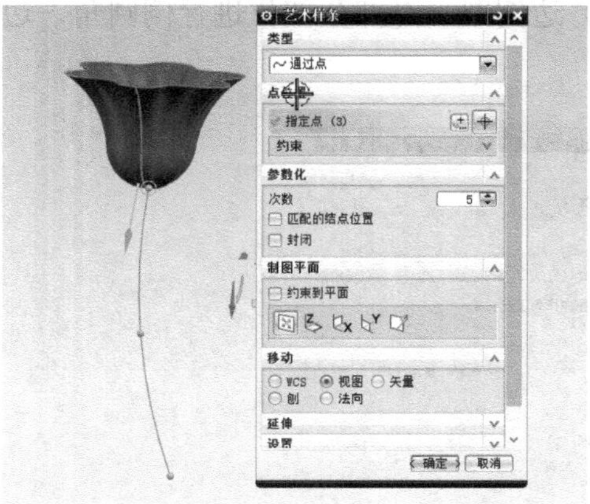

图 6-56 艺术样条

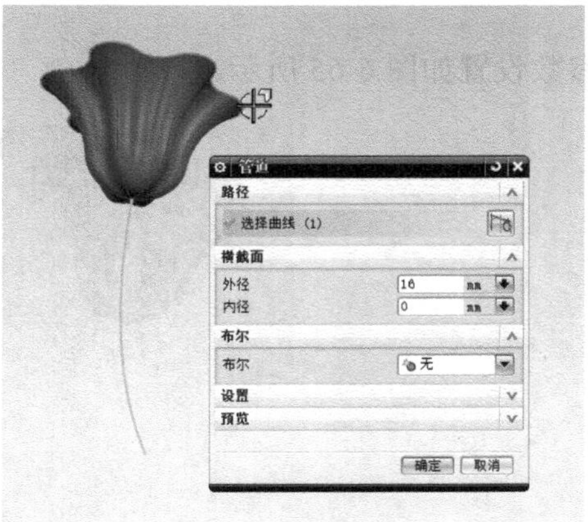

图 6-57 管道绘制

3. 叶子的绘制

（1）艺术样条绘制：通过点，绘制如图 6-58 所示艺术样条。

（2）主体三维的创建：单击“插入”，选择设计特征“拉伸”，拉伸参数设置如图 6-59 所示。

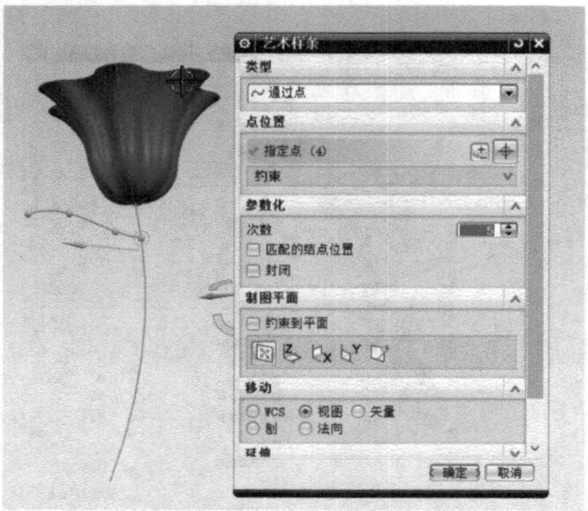

图 6-58　艺术样条

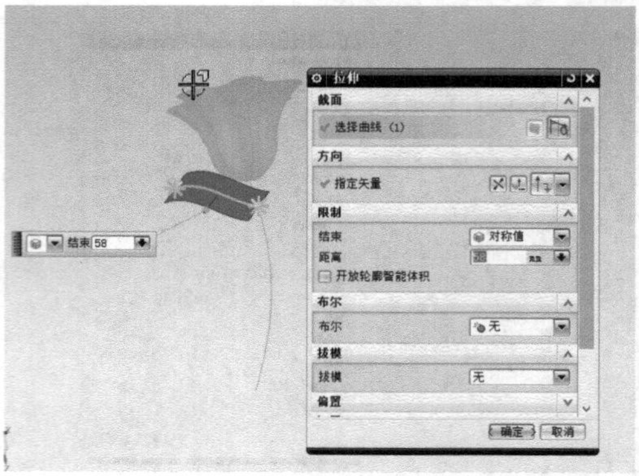

图 6-59　拉伸

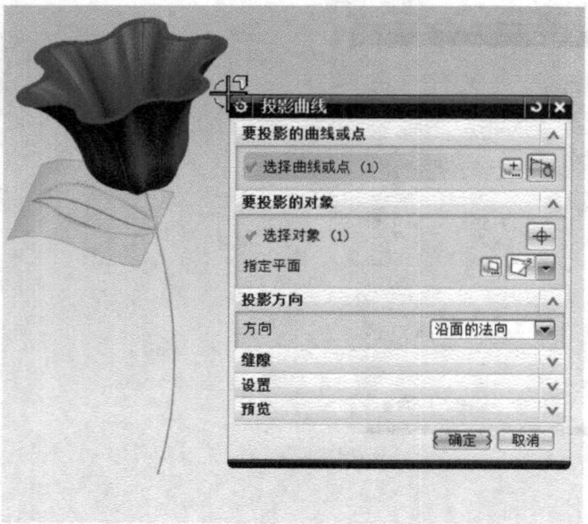

图 6-60　投影曲线

（3）投影曲线绘制：单击“插入→派生曲线→投影”，参数设置如图 6-60 所示。

（4）修剪片体：以图 6-59 拉伸为修剪目标，以 6-60 投影曲线为边界对象，修剪体参数设置如图 6-61 所示。

（5）艺术样条绘制：通过点，绘制如图 6-62 所示的艺术样条。

（6）重复以上（2）～（4）操作，拉伸效果如图 6-63 所示。

（7）加厚：单击“插入”，选择“偏置/缩放→加厚”，参数设置如图 6-64 所示。

（8）边倒圆：对部分部位进行倒圆角，边倒圆参数设置如图 6-65 所示。

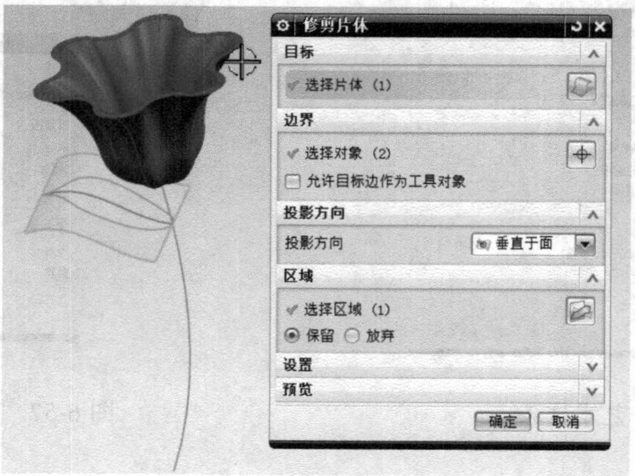

图 6-61　修剪体

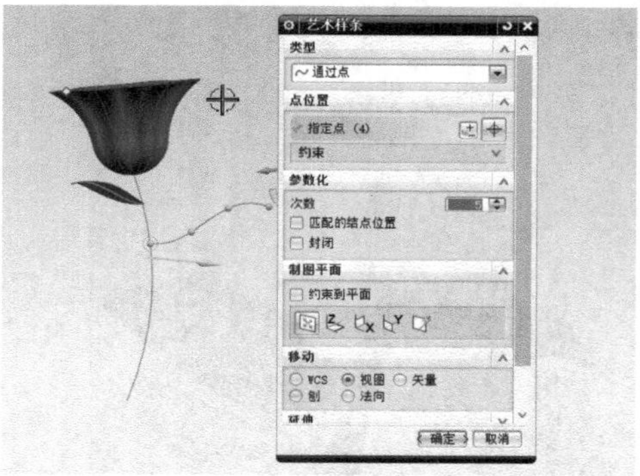

图 6-62　艺术样条

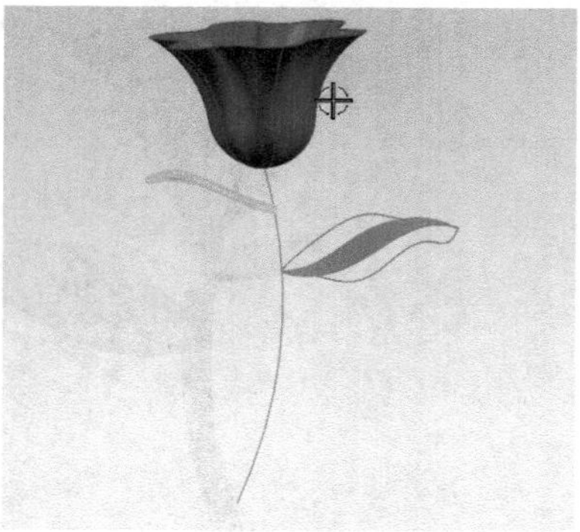

图 6-63　拉伸效果

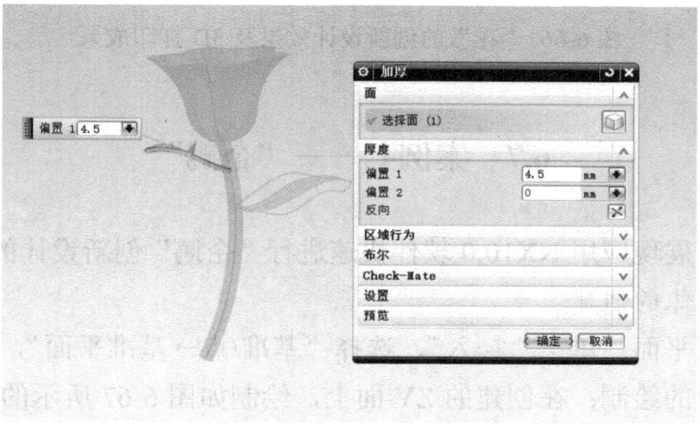

图 6-64　加厚

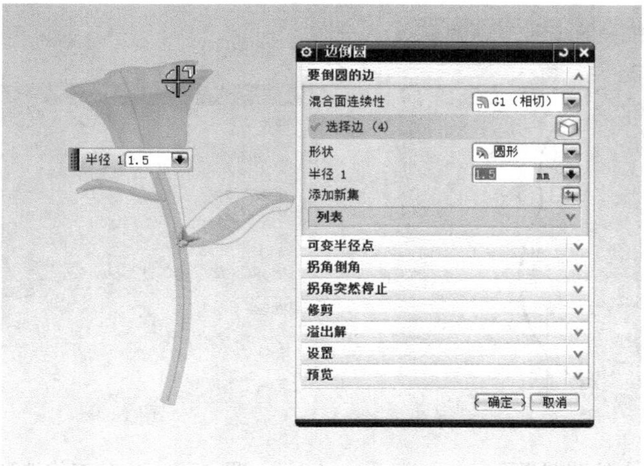

图 6-65　边倒圆

4. “花”的创新设计及 3D 打印成果展示

“花”的创新设计效果及 3D 打印成果如图 6-66 所示。

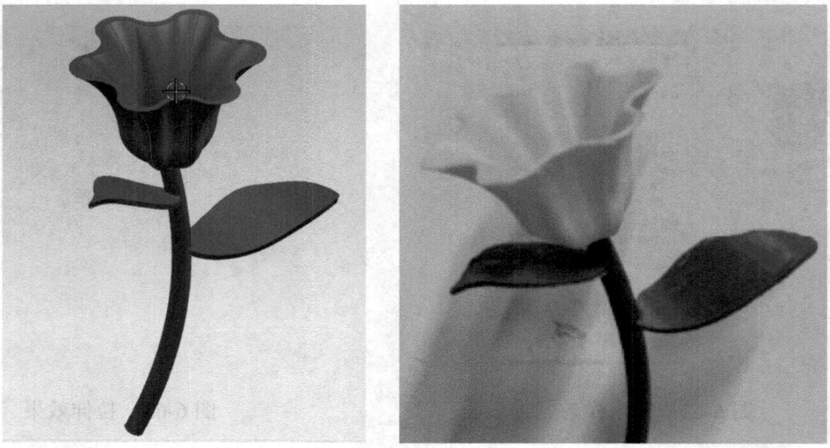

图 6-66 “花”的创新设计效果及 3D 打印成果

6.7 案例七——“企鹅”

本案例为大家展现应用 NX10.0 软件快速进行“企鹅”创新设计的过程，步骤如下。

1. “企鹅”主体的创建

（1）创建草图平面：单击“插入”，选择“基准/点→基准平面”，选择 ZY 面。

（2）主体草图的绘制：在创建的 ZY 面上，绘制如图 6-67 所示的草图。

（3）主体三维的创建：单击“插入”，选择“设计特征→旋转”，主体三维造型参数设置如图 6-68 所示。

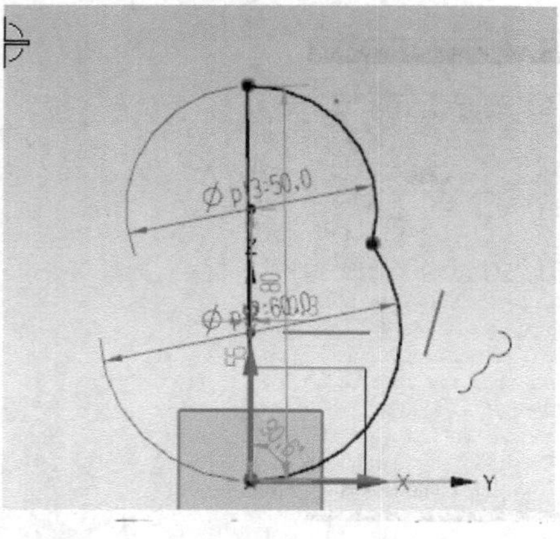

图 6-67 主体草图界面

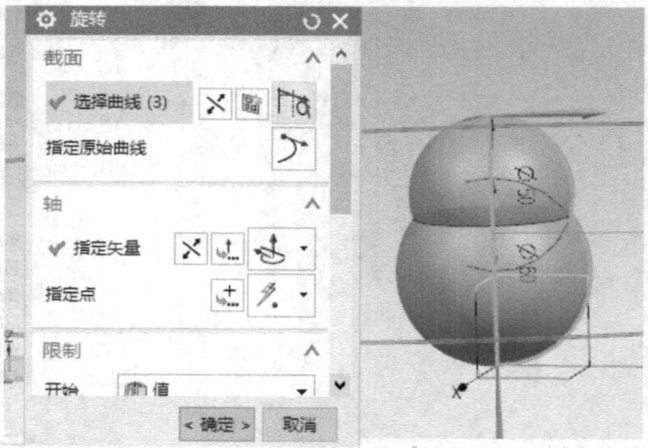

图 6-68 主体三维造型参数设置

2. “企鹅”嘴巴的创建

（1）草图绘制：在 ZY 面上，绘制如图 6-69 所示的草图。

（2）上半嘴唇基准点创建：单击“插入”，选择“基准点”，参数设置如图 6-70 所示。

（3）下半嘴唇基准点创建：单击“插入”，选择“基准点”，参数设置如图 6-71 所示。

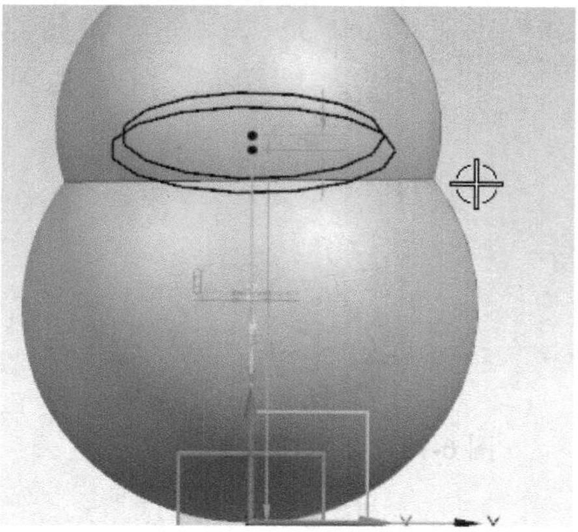

图 6-69　嘴的草图界面

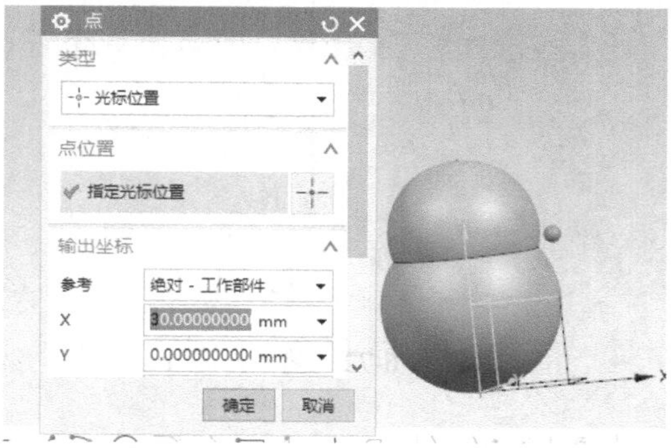

图 6-70　上半嘴唇基准点创建

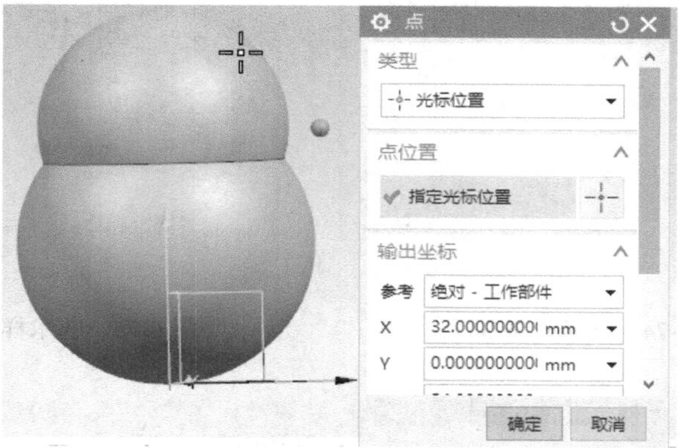

图 6-71　下半嘴唇基准点创建

（4）艺术样条①：单击“插入”，选择“曲线→艺术样条”，选择小椭圆上象限点和上半嘴唇基准点，如图 6-72 所示。

（5）艺术样条②：单击“插入”，选择“曲线→艺术样条”，选择小椭圆左象限点和上半嘴唇基准点，如图 6-73 所示。

（6）艺术样条③：单击“插入”，选择“曲线→艺术样条”，选择小椭圆右象限点和上半嘴唇基准点，如图 6-74 所示。

（7）艺术样条④：重复上述步骤，分别选择大椭圆象限点以及下半嘴唇基准点，如图 6-75 所示。

（8）企鹅上半嘴唇实体创建：单击“插入”，选择“网格曲面→通过曲线网格”，“主曲线”选择上半嘴唇基准点，添加新集分别选择艺术样条 1、艺术样条 2 和艺术样条 3，创建实体如图 6-76 所示。

（9）企鹅下半嘴唇实体创建：步骤同（8），创建实体如图 6-77 所示。

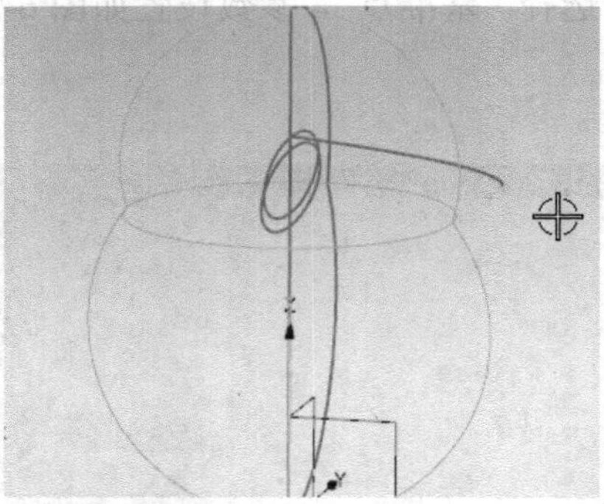

图 6-72　艺术样条 1

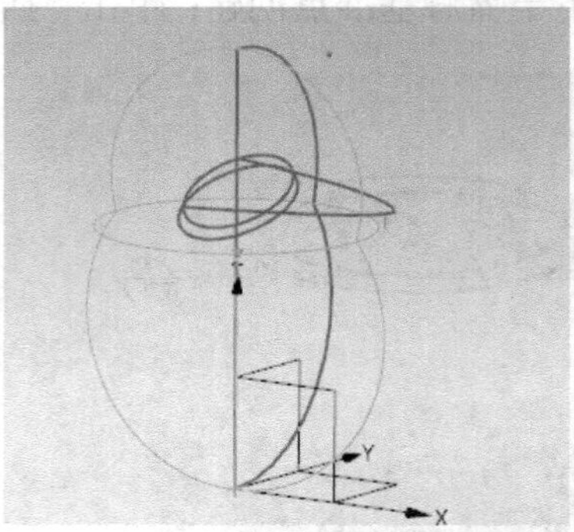

图 6-73　艺术样条 2

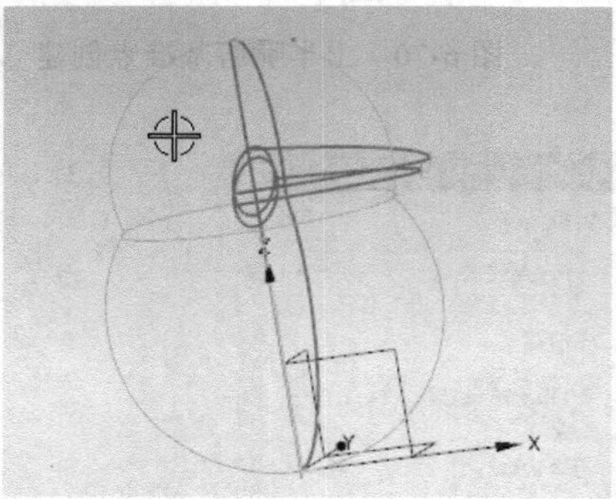

图 6-74　艺术样条 3

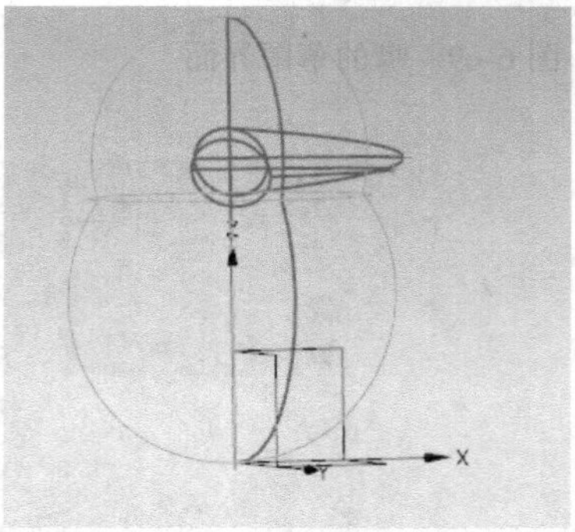

图 6-75　艺术样条 4

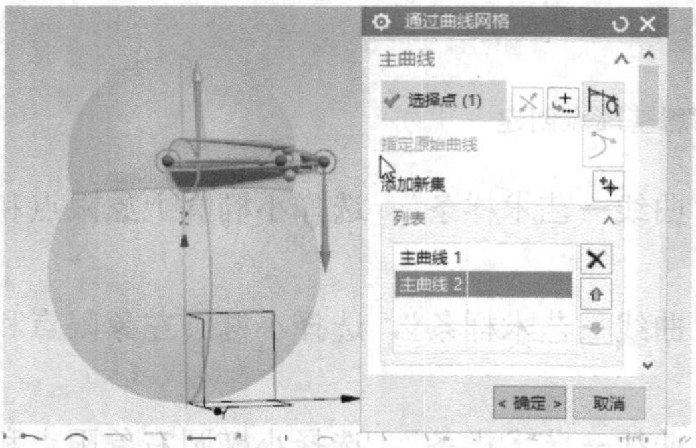

图 6-76　通过曲线网格

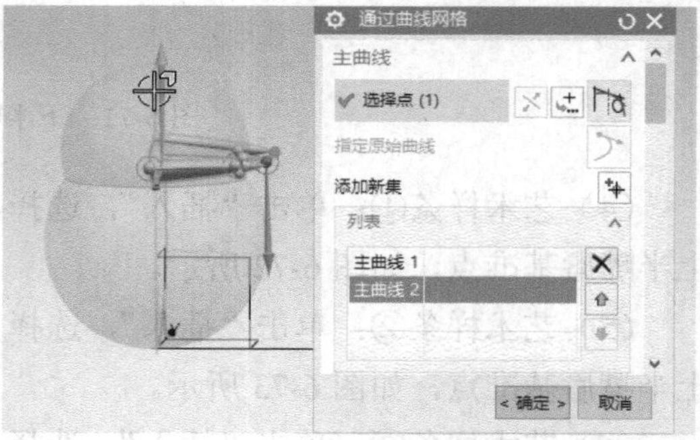

图 6-77　通过曲线网格

3. 企鹅手的创建

（1）企鹅手引导线 1：选择基准平面 ZY 面，单击“插入”，选择“曲线→艺术样条”，绘制如图 6-78 所示的引导线（引导线控制点没有强制要求，可自行确定）。

（2）企鹅手引导线 2：选择基准平面 ZY 面，单击“插入”，选择“曲线→艺术样条”，绘制如图 6-79 所示的引导线。

（3）扫略主曲线绘制：选择基准平面 XY 面，绘制如图 6-80 所示的扫略主曲线。

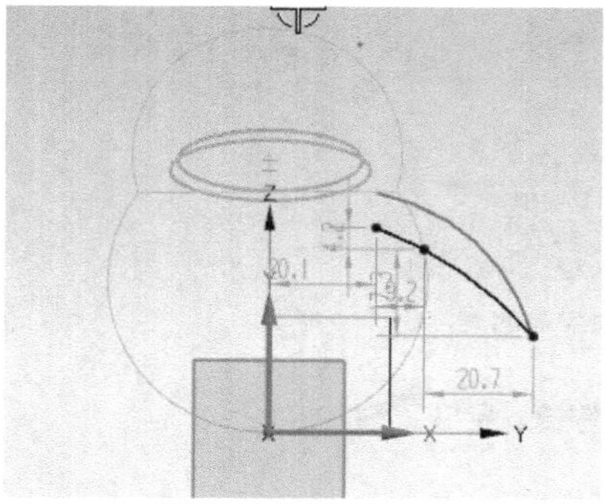

图 6-78　引导线

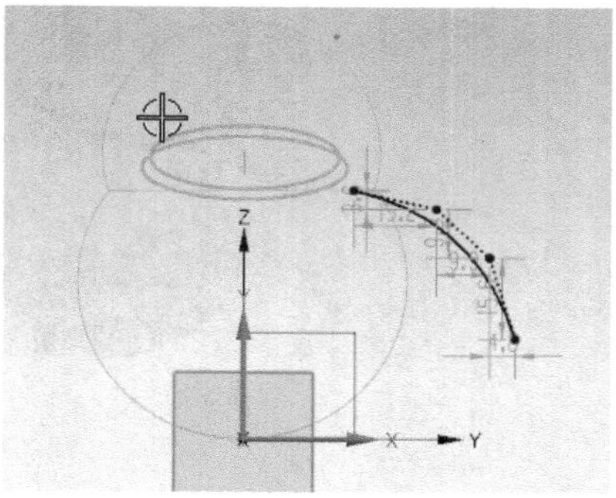

图 6-79　引导线

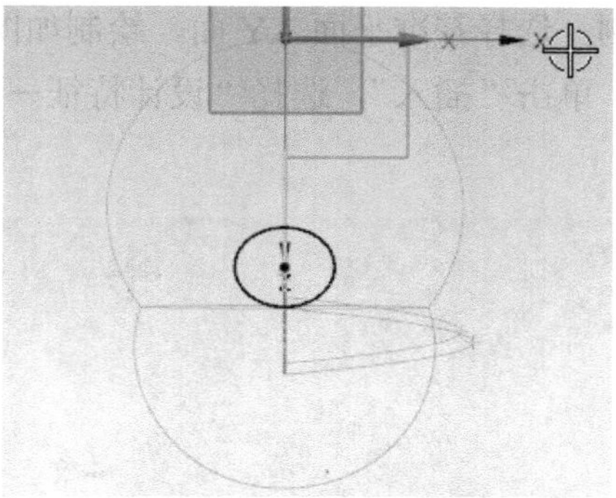

图 6-80　扫略主曲线

（4）企鹅手绘制：单击“插入”，选择“网格曲面→通过曲线网格”，参数设置如图 6-81 所示。

（5）企鹅另一边手绘制：单击“插入”，选择“关联复制→镜像特征”，参数设置如图 6-82 所示。

图 6-81　通过曲线网格

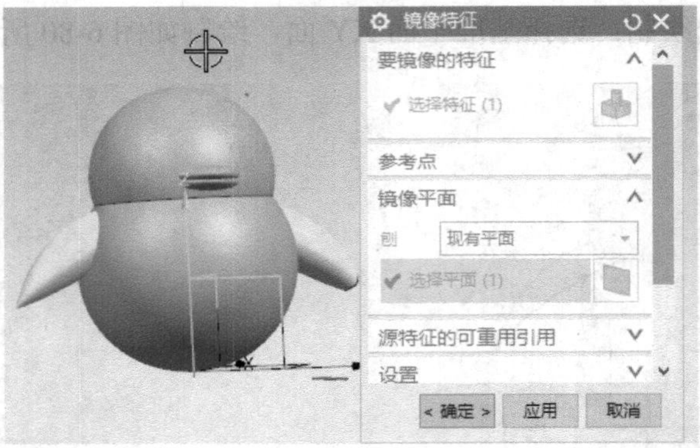

图 6-82　镜像特征

4. 企鹅脚的创建

（1）企鹅脚草图的绘制：选择基准平面 XY 面，绘制如图 6-83 所示的草图。

（2）企鹅脚三维创建：单击“插入”，选择“设计特征→旋转”，参数设置如图 6-84 所示。

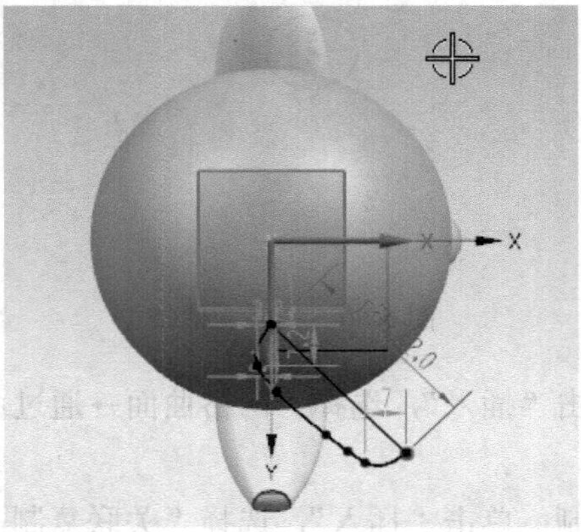

图 6-83　企鹅脚的草图界面

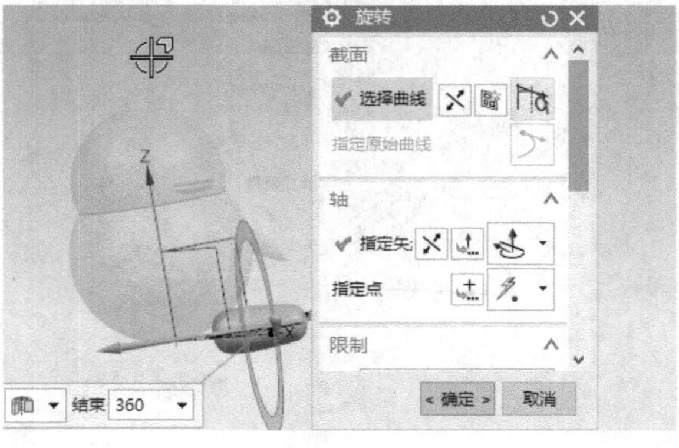

图 6-84　旋转参数设置

5. “企鹅”眼睛的创建

（1）一侧眼睛绘制：单击“插入”，选择“设计特征→球”，直径为 6mm，参数设置如图 6-85 所示。

（2）另一侧眼睛绘制：单击“插入”，选择“关联复制→镜像特征”，参数设置如图 6-86 所示。

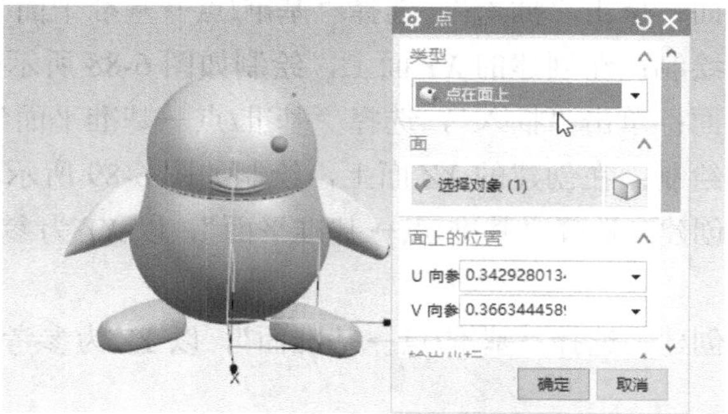

图 6-85 插入球体

图 6-86 镜像球体

6. “企鹅”创新设计的成果展示

“企鹅”创新设计效果如图 6-87 所示。

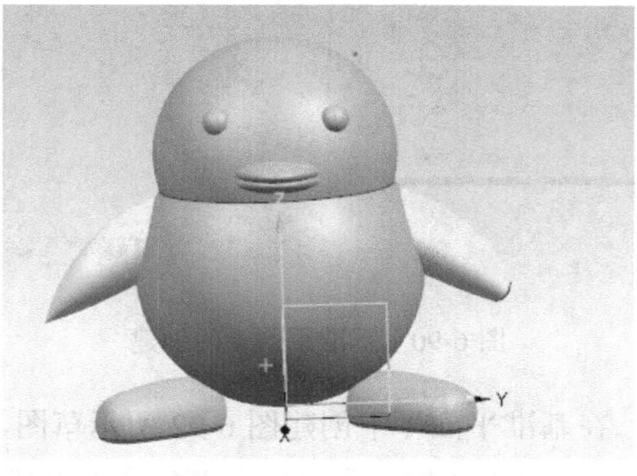

图 6-87 “企鹅”创新设计效果

6.8 案例八——“兔子”

本案例为大家展现应用 NX10.0 软件快速进行“兔子”创新设计的过程，步骤如下。

1. 兔身主体的创建

（1）创建草图平面：单击“插入”，选择“基准/点→基准平面”，选择 *XY* 面。

（2）主体草图的绘制：在创建的 *XY* 面上，绘制如图 6-88 所示的草图。

（3）创建草图平面：单击“插入”，选择“基准/点→基准平面”，选择 *XZ* 面。

（4）主体草图的绘制：在创建的 *XZ* 面上，绘制如图 6-89 所示的草图。

（5）基准平面 1 创建：选择“基准/点→基准平面”，以 *XY* 为参考平面，参数设置如图 6-90 所示。

（6）基准平面 2 创建：选择“基准/点→基准面”，以 *YZ* 为参考平面，参数设置如图 6-91 所示。

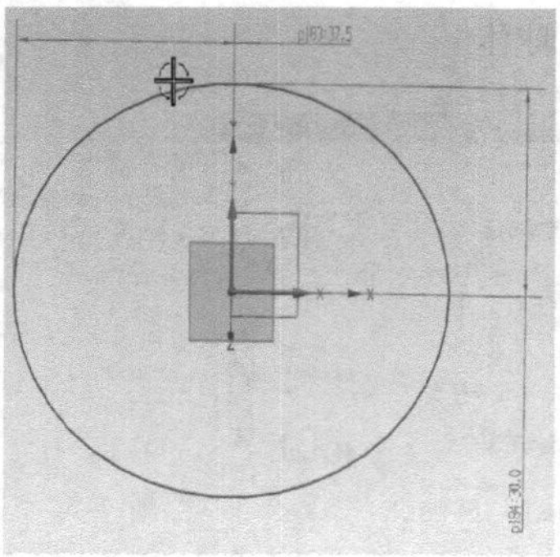

图 6-88　主体草图界面 1

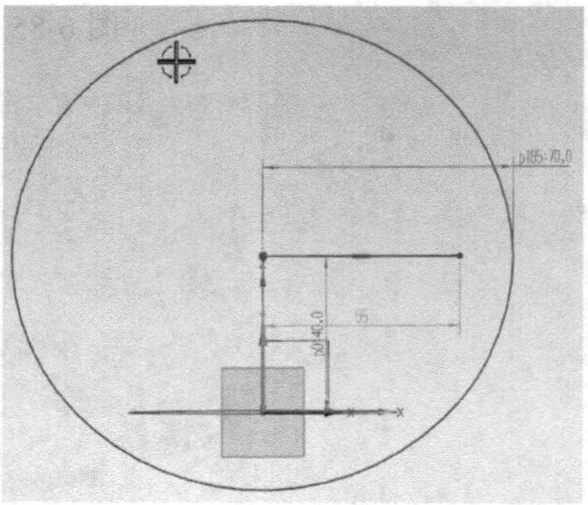

图 6-89　主体草图界面 2

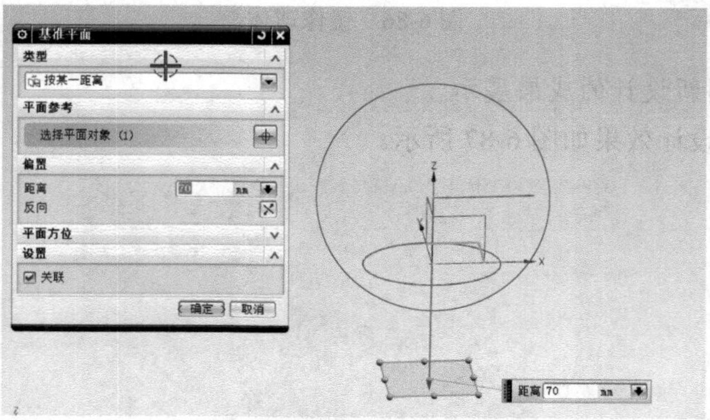

图 6-90　基准平面 1 的创建

（7）主曲线 2 绘制。在基准平面 1 下创建图 6-92 所示草图，参数设置参见图 6-92。

（8）交叉曲线 1 绘制：单击“插入”，选择 *XZ* 平面为基准平面，创建如图 6-93

所示草图，参数设置参见图 6-93。

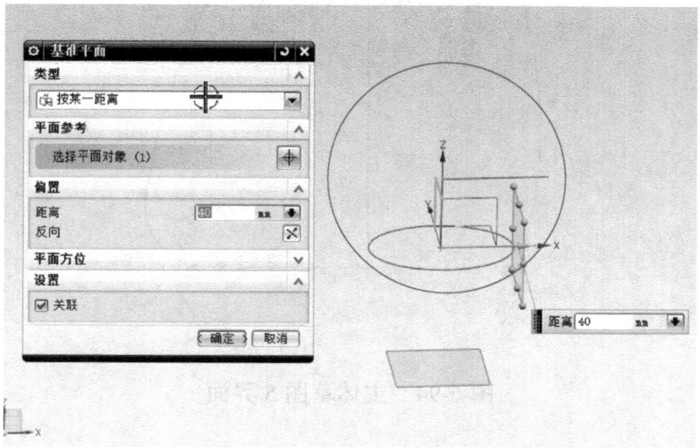

图 6-91　基准平面 2 的创建

（9）交叉曲线 2 绘制：单击“插入”，选择 *YZ* 平面为基准平面，创建如图 6-94 所示草图，参数设置见图 6-94。

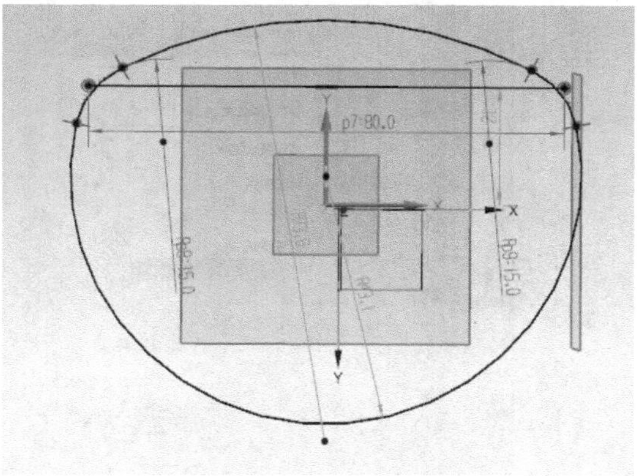

图 6-92　主体草图 3 界面

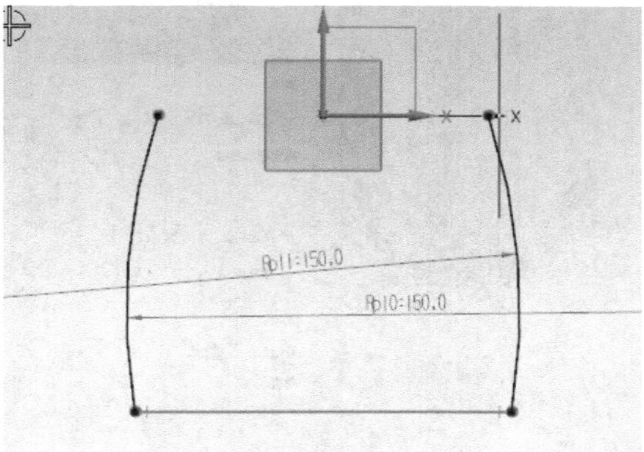

图 6-93　主体草图 4 界面

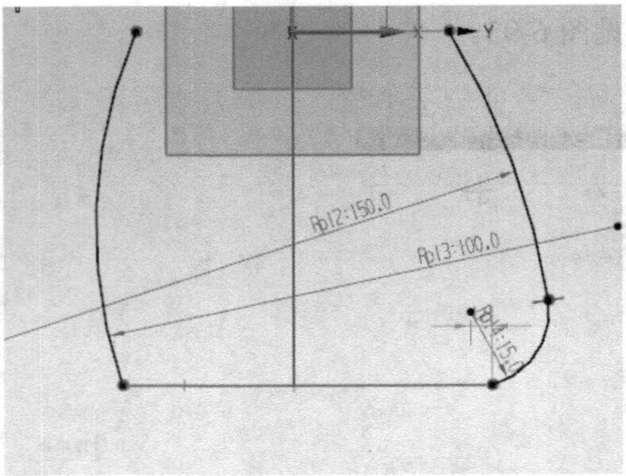

图 6-94　主体草图 5 界面

（10）通过曲线网格：选择“插入→网格曲面→通过曲线网格”，选择草图 1 和草图 3 为主曲线，如图 6-95 所示。

（11）旋转：以草图 2 为主曲线绘制旋转体，参数设置如图 6-96 所示。

（12）修剪体：以 *XY* 平面为工具修剪体，参数设置如图 6-97 所示。

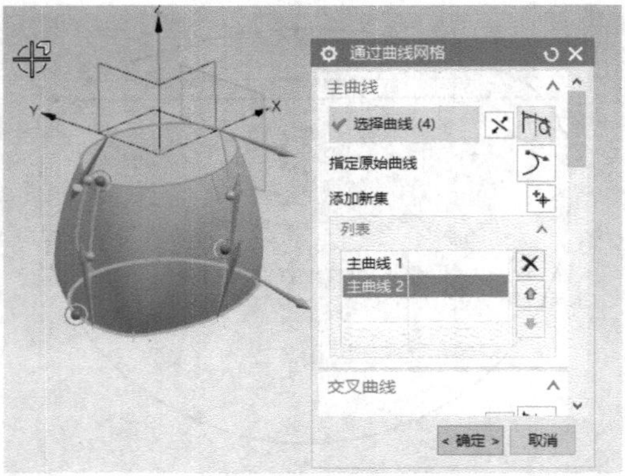

图 6-95　通过曲线网格

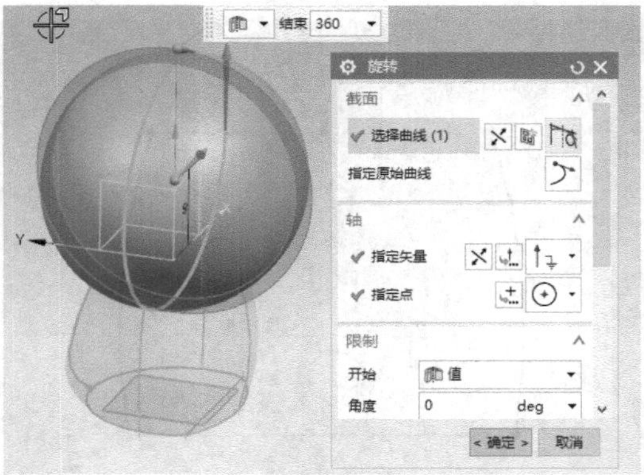

图 6-96　旋转

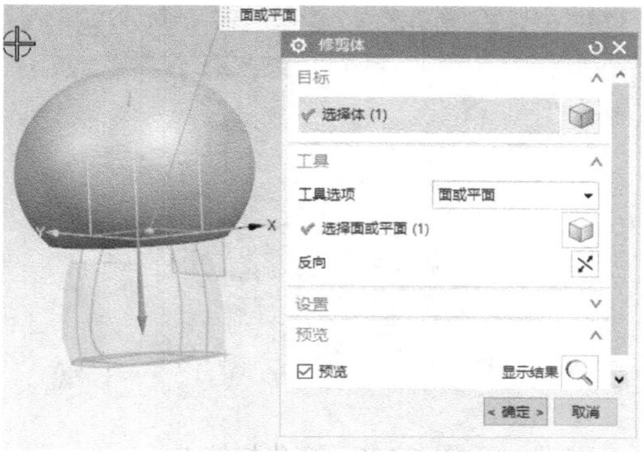

图 6-97　修剪体

2. “兔脚”的创建

（1）创建基准平面 3：单击“插入”，选择“基准/点→基准平面”，如图 6-98 所示。

（2）主体草图的绘制：在创建的基准平面 3 上，绘制草图，参数设置如图 6-99 所示。

（3）变化扫掠：单击“插入”，选择“扫掠→变化扫掠”，参数设置如图 6-100 所示。

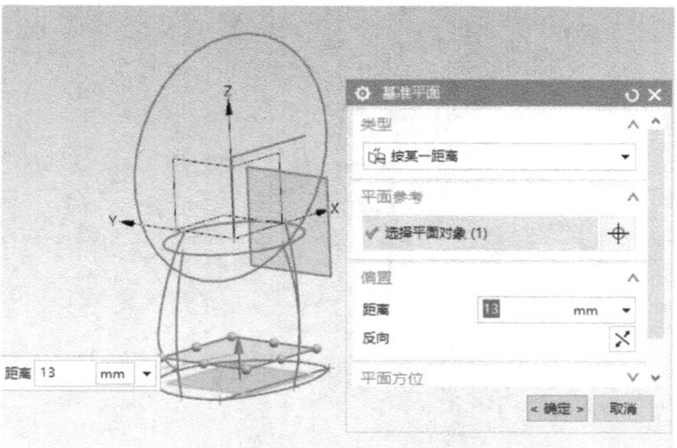

图 6-98　通过曲线网格

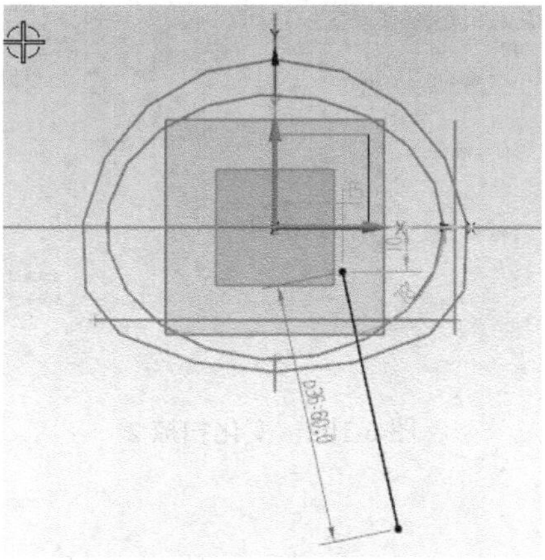

图 6-99 “兔脚”的草图界面

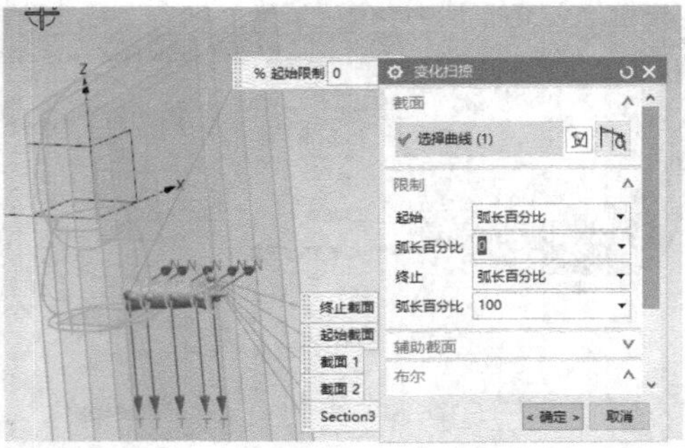

图 6-100　变化扫掠 1

3. “兔手” 的创建

（1）主体草图的绘制：在创建的 *XZ* 面上，绘制如图 6-101 所示的草图。

（2）变化扫掠：单击“插入”，选择“扫掠→变化扫掠”，参数设置如图 6-102 所示。

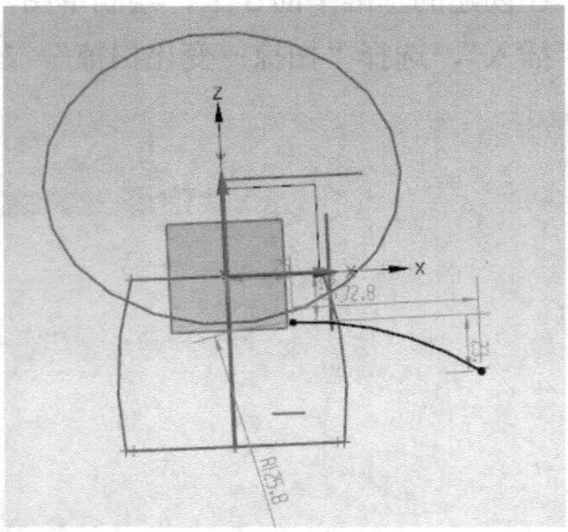

图 6-101　“兔手” 的草图界面

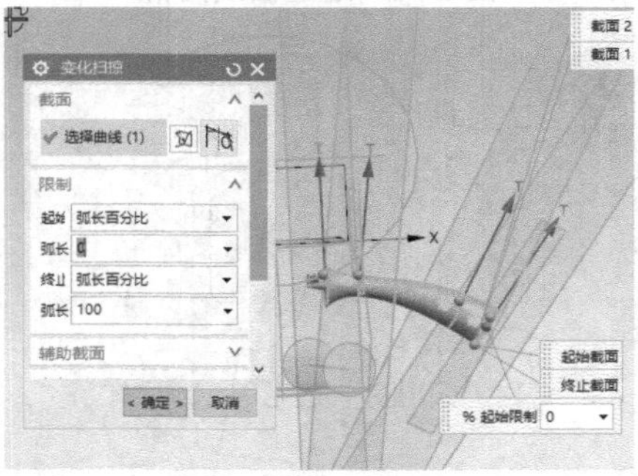

图 6-102　变化扫掠 2

4. “兔耳朵” 的创建

（1）主体草图的绘制：在创建的 *XZ* 面上，绘制如图 6-103 所示的草图。

（2）变化扫掠：单击“插入”，选择“扫掠→变化扫掠”，参数设置如图 6-104

所示。

（3）镜像几何体：单击“插入”，选择“关联复制→镜像几何体”以变化扫掠 1、2、3 为对象，*YZ* 为指定平面，参数设置如图 6-105 所示。

5．兔身局部的创建

（1）局部草图 1 的绘制：在创建的 *XZ* 面上，绘制 $\phi 25$ 的圆，如图 6-106 的草图。

（2）局部草图的绘制：在创建的 *XZ* 面上，绘制兔子的尾巴，如图 6-107 的草图。

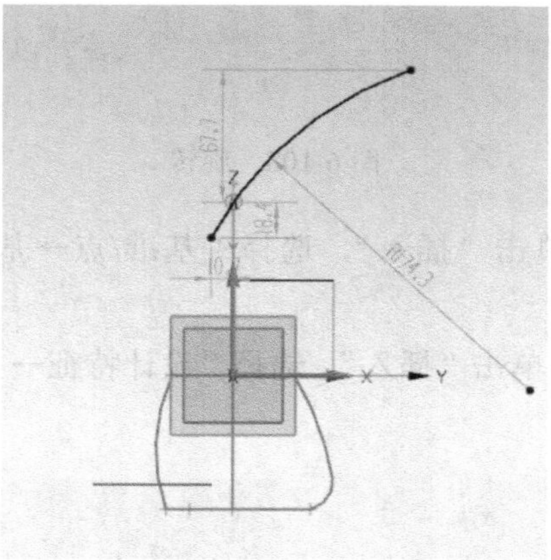

图 6-103　“兔耳朵”的草图界面

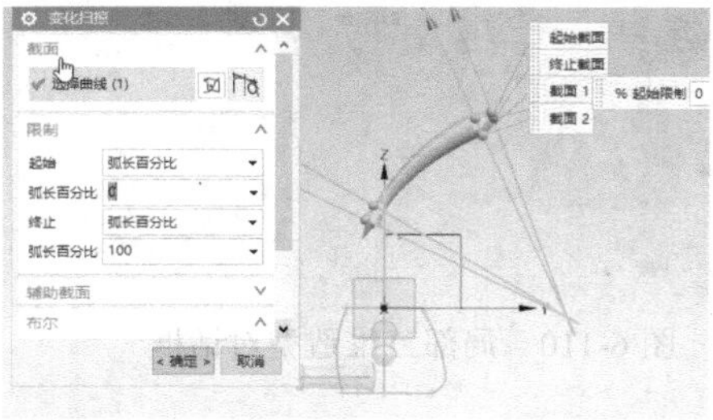

图 6-104　变化扫掠 3

图 6-105　镜像几何体

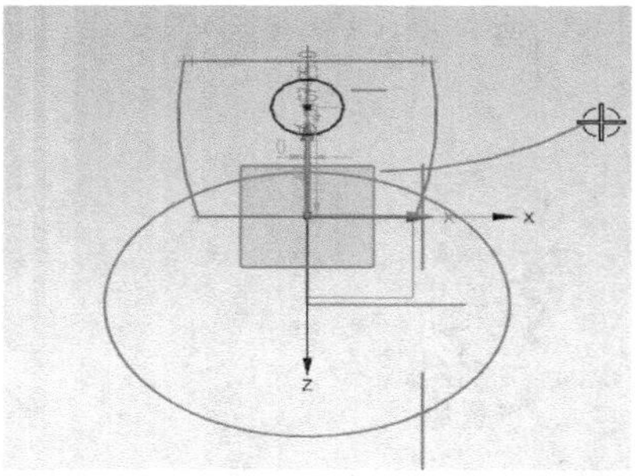

图 6-106　主体草图界面

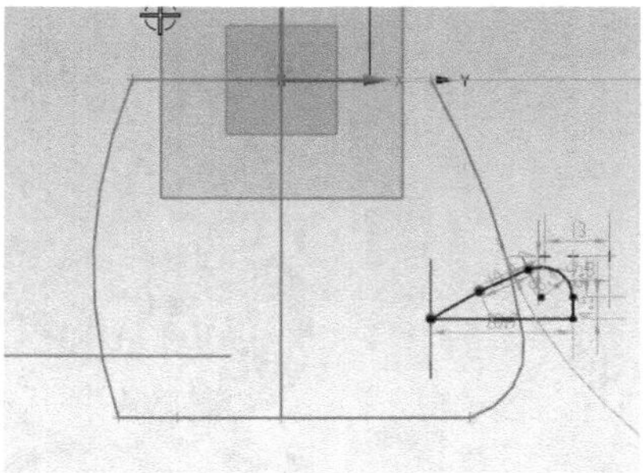

图 6-107　主体草图界面

（3）局部三维的创建：单击“插入”，选择“设计特征→旋转”，设置如图 6-108 所示。

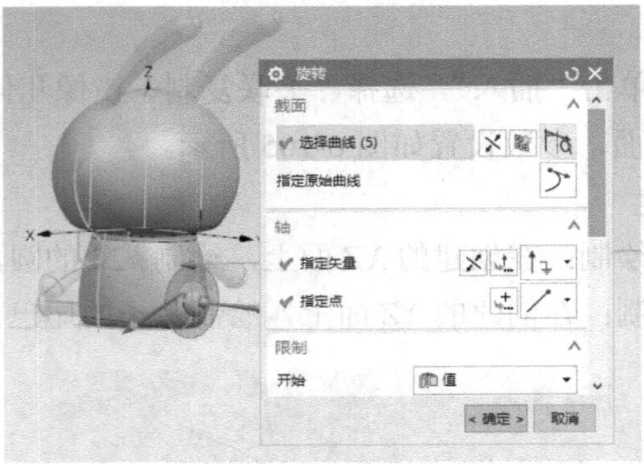

图 6-108　旋转

（4）创建草图平面：单击“插入”，选择“基准/点→基准平面”，选择 *XZ* 面，如图 6-109 所示。

（5）局部三维的创建：单击“插入”，选择“设计特征→拉伸”，参数设置如图 6-110 所示。

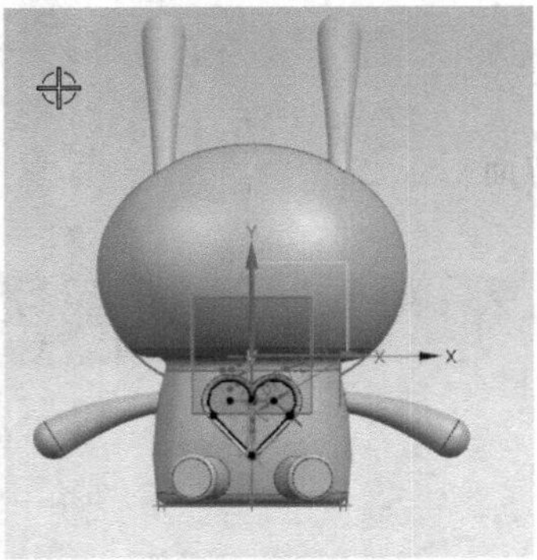

图 6-109　局部草图界面

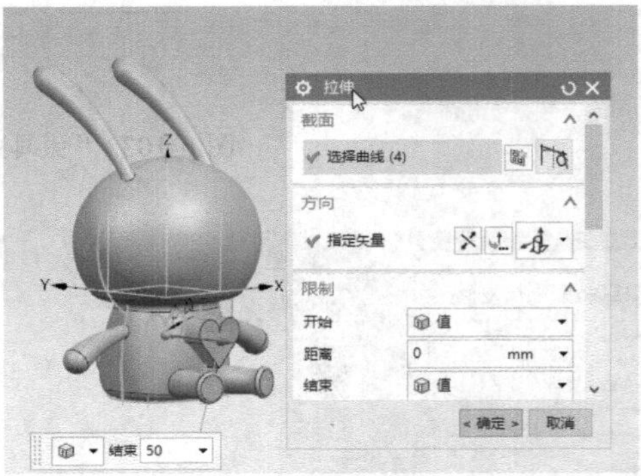

图 6-110　局部三维造型对话框

6. “兔子”创新设计及 3D 打印成果显示

“兔子”创新设计效果及 3D 打印成果如图 6-111 所示。

图 6-111　“兔子”创新设计效果及 3D 打印成果

6.9　案例九——“大象笔筒”

本案例为大家展现应用 NX10.0 软件快速进行“大象笔筒”创新设计的过程，步骤如下。

1. “大象笔筒”象身主体的创建

（1）创建草图平面：单击“插入”，选择“基准/点→基准平面”，选择 *ZY* 面。

（2）主体草图的绘制：在创建的 *ZY* 面上，绘制如图 6-112 所示的草图。

（3）主体三维的创建：单击“插入”，选择“设计特征→拉伸”，参数设置如图 6-113 所示。

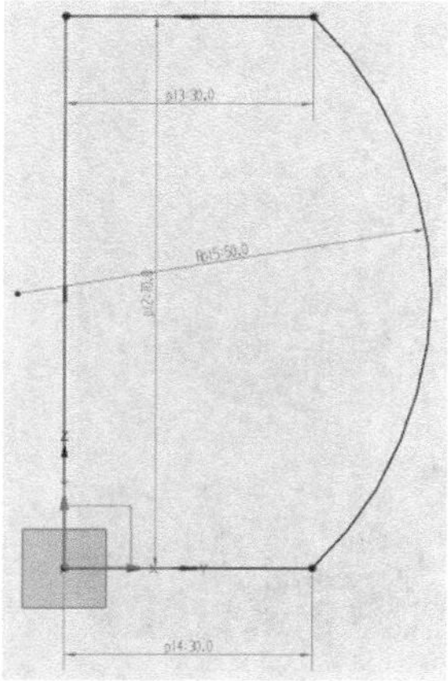

图 6-112　主体草图界面

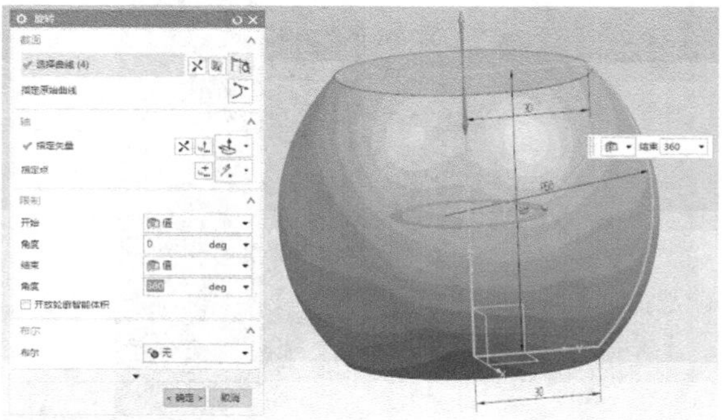

图 6-113　主体三维造型对话框

2. “大象笔筒”象头的创建

（1）象头草图的绘制：在 *ZY* 面上，绘制如图 6-114 所示的草图。

（2）象头三维的创建：单击“插入”，选择“设计特征→旋转”，参数设置如图 6-115 所示。

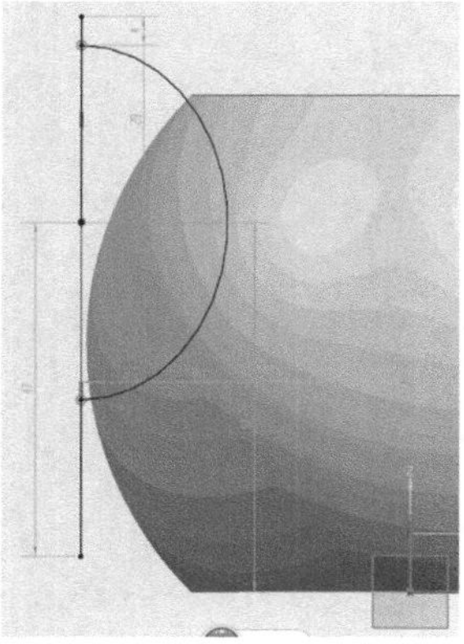

图 6-114　象头草图界面

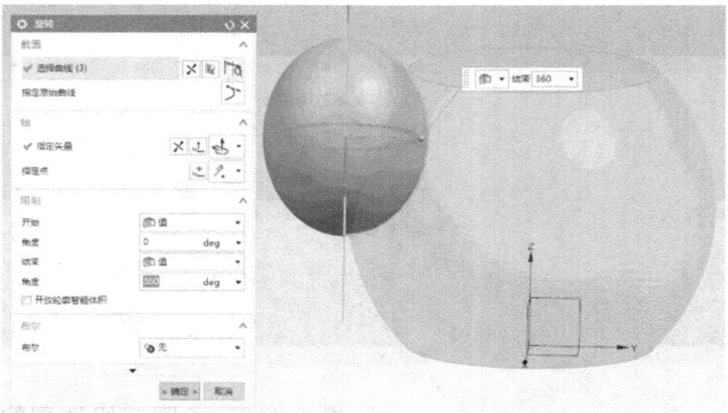

图 6-115　象头三维造型对话框

3. “大象笔筒”象眼的创建

（1）创建草图平面：单击“插入”，选择“基准/点→基准平面”，距离 *ZX* 面 47mm 位置创建新的基准平面，如图 6-116 所示。

（2）象眼草图的绘制：在创建的基准平面上，绘制如图 6-117 所示的草图。

（3）象眼三维的创建：单击“插入”，选择“设计特征→拉伸”，参数设置如图 6-118 所示。

（4）另一象眼的造型：单击“插入”，选择“关联复制→镜像特征”，参数设置如图 6-119 所示。

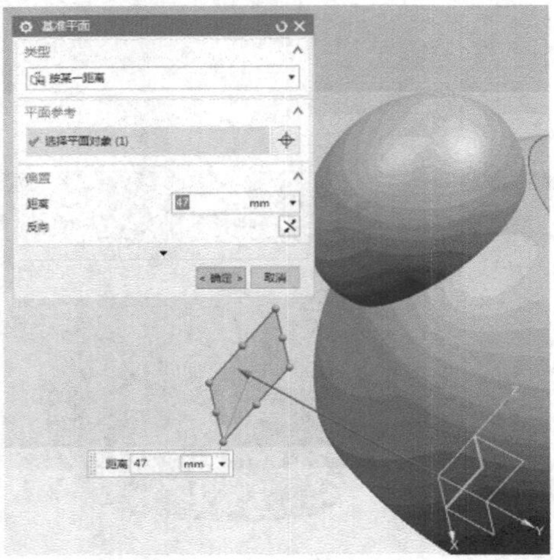

图 6-116　基准平面的创建对话框

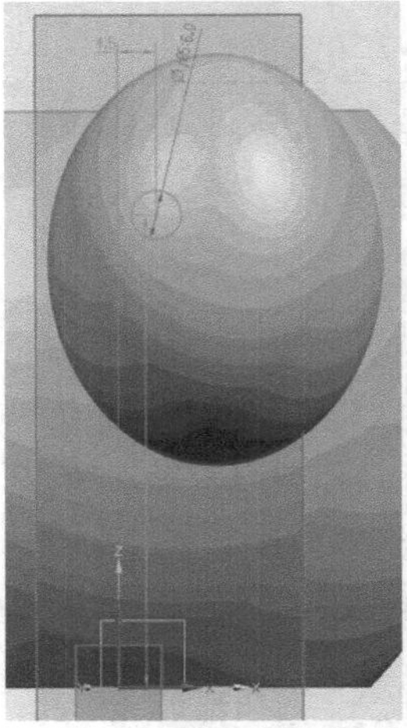

图 6-117　象眼的草图界面

图 6-118　象眼三维造型的对话框

图 6-119 另一象眼造型的对话框

4. “大象笔筒”象耳的创建

（1）象耳草图的绘制：选择基准平面 *ZY* 面，绘制如图 6-120 所示的草图。

（2）象耳三维的创建：单击“插入”，选择“设计特征→拉伸”，参数设置如图 6-121 所示。

（3）另一象耳的造型：单击“插入”，选择“关联复制→镜像特征”，参数设置如图 6-122 所示。

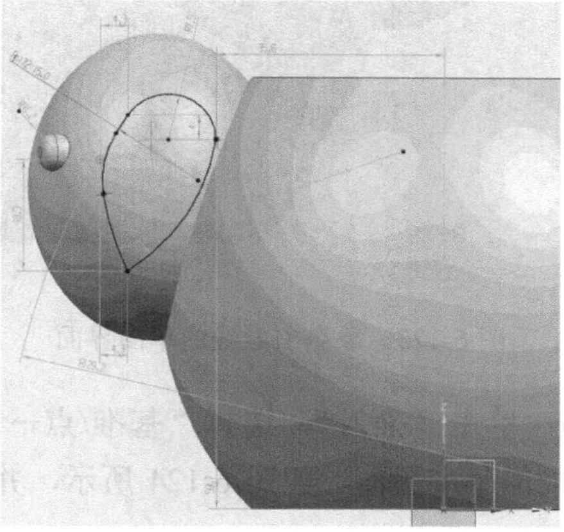

图 6-120 象耳的草图界面

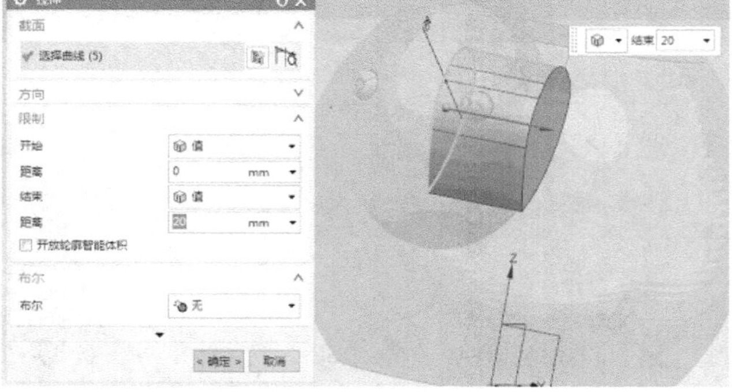

图 6-121 象耳三维造型的对话框

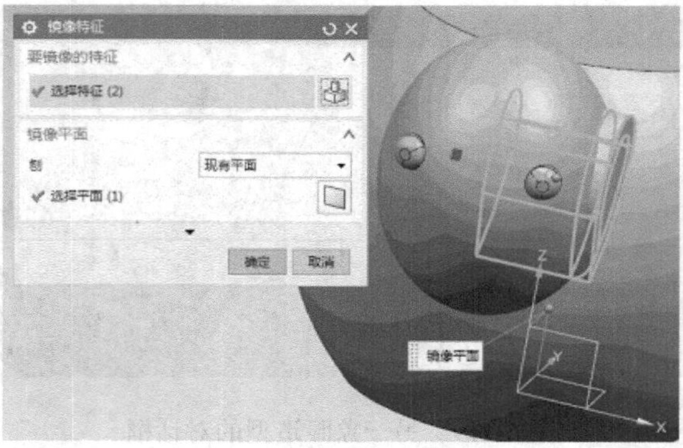

图 6-122　另一象耳造型的对话框

5. “大象笔筒”象鼻的创建

（1）象鼻引导线的绘制：选择基准平面 *ZY* 面，绘制如图 6-123 所示的引导线。

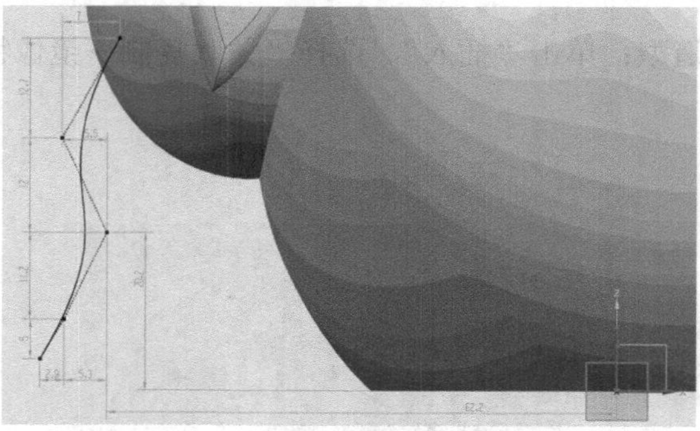

图 6-123　象鼻引导线的草图界面

（2）象鼻截面的绘制：单击“插入”，选择“基准/点→基准平面”，“类型”选择“曲线和点”，创建象鼻截面的基准平面，如图 6-124 所示，并在此平面绘制象鼻截面，参数设置如图 6-125 所示。

图 6-124　象鼻截面的基准平面

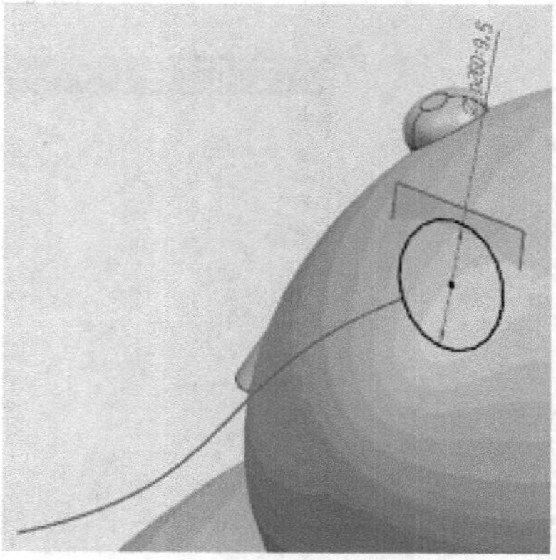

图 6-125　象鼻截面的草图

（3）象鼻三维的创建：单击“插入”，选择“扫掠→扫掠”，参数设置如图 6-126 所示。

6. “大象笔筒”象牙的创建

（1）象牙引导线的绘制：选择基准平面 *ZY* 面，单击“插入”，选择“曲线→艺术样条”，指定如图 6-127 所示的四点，创建象牙的引导线。

（2）象牙截面的绘制：单击“插入”，选择“基准/点→基准平面”，“类型”选择“曲线和点”，创建象鼻截面的基准平面，并在此平面绘制象牙截面，参数设置如图 6-128 所示。

（3）象牙三维的创建：单击“插入”，选择“扫掠→扫掠”，参数设置如图 6-129 所示。

（4）另一象牙的造型：单击“插入”，选择“关联复制→镜像特征”。

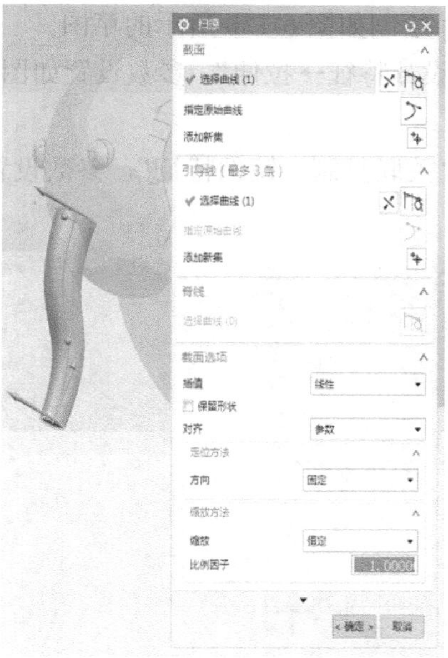

图 6-126　象鼻三维造型的对话框

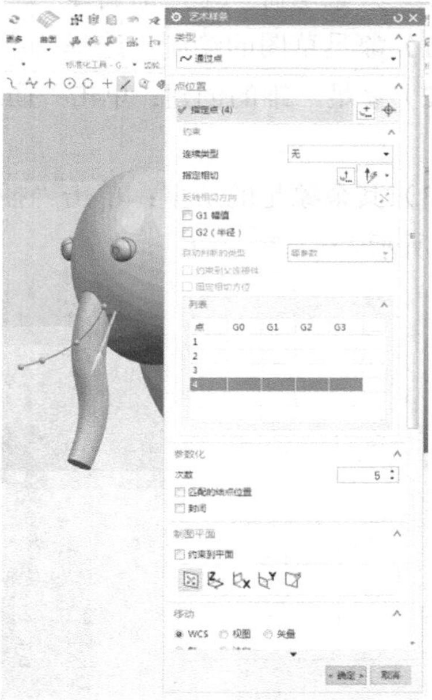

图 6-127　象牙引导线的对话框

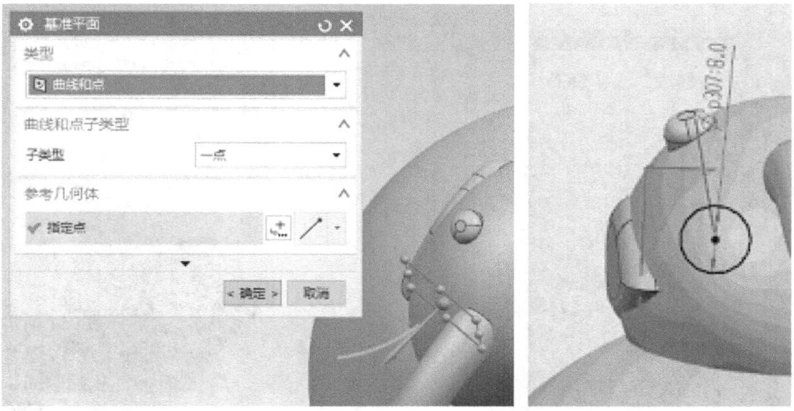

图 6-128　截面的基准平面和草图

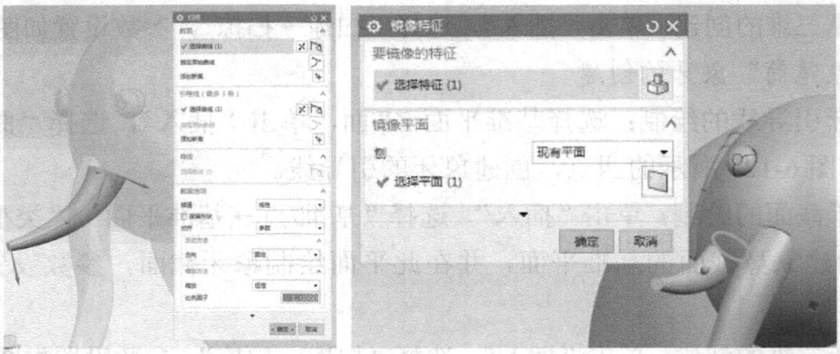

图 6-129　象牙三维造型对话框

7. “大象笔筒”象足的创建

（1）象足草图的绘制：选择基准平面 *XY* 面，绘制如图 6-130 所示的草图。

（2）象足三维的创建：单击“插入”，选择“设计特征→拉伸”，参数设置如图 6-131 所示。

（3）其余象足的造型：单击“插入”，选择“关联复制→镜像特征”，参数设置如图 6-132 所示。

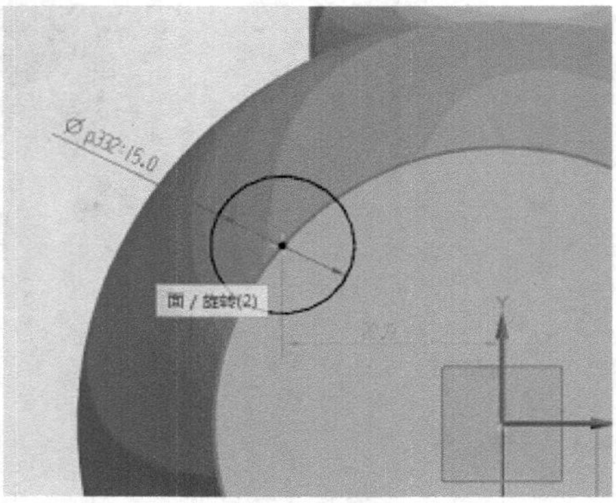

图 6-130　象足的草图界面

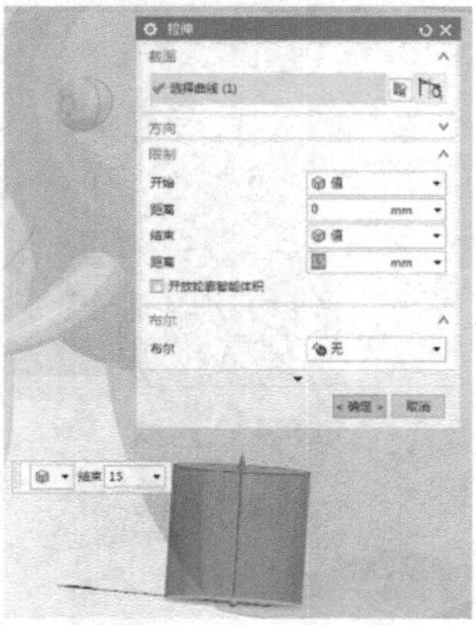

图 6-131　象足三维造型的对话框

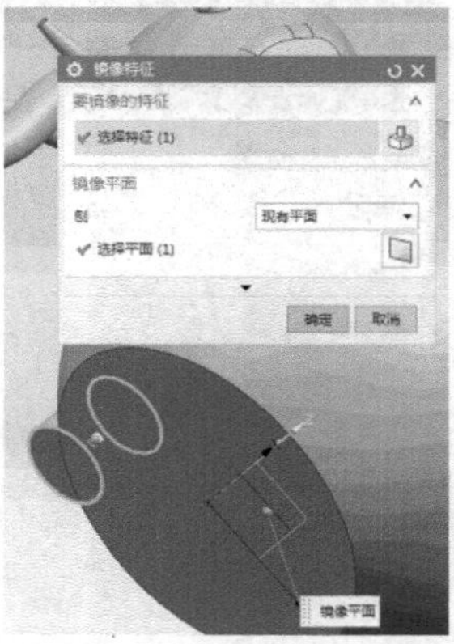

图 6-132　其余象足造型对话框

8. “大象笔筒”筒壳的创建

（1）筒壳草图的创建：选择 *ZY* 面，绘制如图 6-133 所示的草图。

（2）筒壳三维的创建：单击“插入”，选择“设计特征→旋转”，“布尔”择“求差”，参数设置如图 6-134 所示。

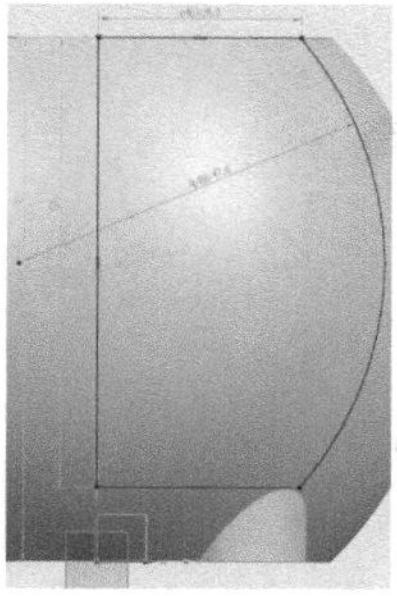

图 6-133 筒壳草图的界面

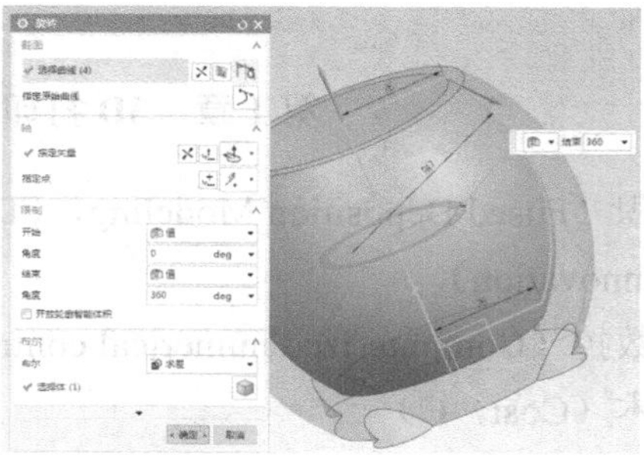

图 6-134 筒壳三维造型的对话框

9. “大象笔筒”象各部位的组合

单击“插入”，选择“组合→合并”，依次将大象笔筒各部分进行合并。

10. “大象笔筒”各边的倒圆

单击“插入”，选择“细节特征→边倒圆”，根据边尺寸设置倒圆半径，如图 6-135 所示。

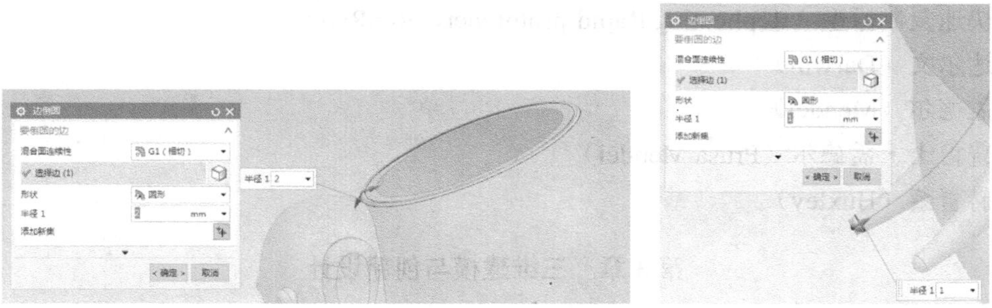

图 6-135 边倒圆半径 r=1mm、r=2mm 的设置对话框

11. “大象笔筒”的创新设计及 3D 打印成果展示

“大象笔筒”的创新设计效果及 3D 打印成果如图 6-136 所示。

图 6-136 “大象笔筒”的创新设计效果及 3D 打印成果

专业词汇中英文对照

第 1 章　3D 打印与创新教育

熔丝沉积（Fused Deposition Modeling，FDM）
创新（innovation）
计算机数控（Computerized numerical control，CNC）
生产成本（Cost，C）

第 2 章　3D　打　印　机

3D 打印机（3D Printers）
恩里科·迪尼（Enrico Dini）
青色、洋红、黄色、黑色（CMYK）
英国巴斯大学（the University of Bath）
快速复制原型（Replicating Rapid-prototyper，RepRap）
达尔文（Darwin）
孟德尔（Mendel）
普鲁士·孟德尔（Prusa Mendel）
赫胥黎（Huxley）

第 3 章　三维建模与创新设计

体（Object）
壳（Shell）
面（Face）
环（Loop）
边（Edge）
点（Vertex）
几何建模（Geometric Modeling）
行为建模（Kinematic Modeling）
物理建模（Physical Modeling）
对象特性建模（Object Behavior）
模型切分（Model Segmentation）
犀牛（Rhinoceros，Rhino）

第 4 章　逆向工程与创新设计

逆向工程（又名反向工程，Reverse Engineering-RE）
快速成行系统（Rapid Prototyping，RP）
计算机辅助制造系统（Computer Aided Manufacture，CAM）
产品数据管理系统（Product Data Management，PDM）
非均匀有理 B 样条（NURBS）

第 5 章　3D 打印“DIY”制作

STL（Standard Tessellation Language）
添加文件（File）
导入文件（Load model file）
支撑（Supports）
底托（Raft）
层高（Layer height）
首层高度（First layer height）
当需要产生额外的周长（generate extra perimenters when needed）
固体层（Solid layers）
周长（Permeters）
小周长（Small permeters）
外部周长（External permeters）
填充（Infill）
固体填充（Solid infill）
顶层固体填充（Top solid infill）
支架材料（upport material）
桥梁（Bridges）
间隙填充（Gap fill）
移动（Travel）
第一层速度（First layer speed）
周长（Perimeters）
填充（Infill）
默认（Default）
裙座和边缘（Skirt and brim）
环（Loop）
从物体的距离（Distance from object）
裙座高度（Skirt height）

最小挤出周长（Minimum extrusion length）
边缘宽度（Brim width）
支架材料（Support material）
产生的支撑材料（Generate support material）
悬阙值（Overhang threshold）
模式（Patterm）
图距（Patterm spacing）
图角（Patterm angle）
顺序打印（Sequential printing）
挤出机间隙（Extruder clearance）
半径（Radius）
默认的挤压宽度（Default extrusion width）
桥流量比（Bridge flow ratio）
线程（Threads）
直径（Dismeter）
挤压乘数（Extrusion multiplier）
挤出机（Extruder）
热床（Bed）
冷却（Cooling）
打印机设置（Printer settings）
一般（General）
代码（G-code flavor G）
震动极限（Vibration limit）

第6章　应　用　案　例

样条线（spline）
断开（divide）
桥接（bridge）
光顺曲线（Smooth spline）
样条线（curve on surface）
修剪（trim）
云构面（from point cloud）

参 考 文 献

［1］王娟，吴永和，段晔，等．3D 打印技术教育应用创新透视［J］．现代远程教育研究，2015．

［2］王萍．3D 打印及其教育应用初探［J］．中国远程教育研究，2013．

［3］童宇阳．3D 打印技术在中小学教学中的应用研究［J］．现代教育技术，2013．

［4］李青，王青．3D 打印：一种新兴的学习技术［J］．远程教育杂志，2013．

［5］杨洁，刘瑞儒，霍惠芳．3D 打印在教育中的创新应用［J］．中国医学教育技术，2014．

［6］张明洁．3D 打印在高等教育教学中的应用研究［J］．江苏科技信息，2015．

［7］杨继全，戴宁，侯丽雅．三维打印设计与制造［M］．北京：科学出版社，2013．

［8］张晶．用 3D 打印手段培养创造性思维的教学设计研究［D］．沈阳：沈阳师范大学，2016．

［9］王宵．逆向工程技术及其应用［M］．北京：化学工业出版社，2004．

［10］刘伟军，孙玉文．逆向工程原理 • 方法及应用［M］．北京：机械工业出版社，2008．

［11］单岩，谢斌飞．Imageware 逆向造型技术基础［M］．北京：清华大学出版社，2006．

［12］高帆．3D 打印技术概论［M］．北京：机械工业出版社，2015．

［13］张统，宋闯．3D 打印机——轻松 DIY［M］．北京：机械工业出版社，2015．

［14］王隆太，朱灯林，戴国洪，等．机械 CAD/CAM 技术［M］．3 版．北京：机械工业出版社，2015．

［15］孙燕华．先进制造技术［M］．2 版．北京：电子工业出版社，2015．

［16］来振东．UG NX10.0 快速入门及应用技巧［M］．北京：机械工业出版社，2015 年．